普洱茶苦旅
刊木古道

包忠华 著　王文贵 包忠华 图

U0172240

云南出版集团

YNK 云南科技出版社

·昆　明·

图书在版编目（CIP）数据

刊木古道 / 包忠华著 . -- 昆明：云南科技出版社，2022.1

（普洱茶苦旅）

ISBN 978-7-5587-3996-5

Ⅰ . ①刊… Ⅱ . ①包… Ⅲ . ①古道—介绍—云南

Ⅳ . ① K928.78

中国版本图书馆 CIP 数据核字 (2022) 第 012721 号

普洱茶苦旅·刊木古道

PU'ERCHA KULÜ · KANMUGUDAO

包忠华　著

出 版 人：温　翔

责任编辑：唐　慧　王首斌　张羽佳

封面设计：罗崇伟

装帧设计：祁东辉

制图策划：冯周扬　黄克云

责任校对：张舒园

责任印制：蒋丽芬

书　　号：ISBN 978-7-5587-3996-5

印　　刷：普洱方华印刷有限公司

开　　本：787mm×1092mm　1/16

印　　张：12

字　　数：200 千字

版　　次：2022 年 1 月第 1 版

印　　次：2022 年 1 月第 1 次印刷

印　　数：1~4000 套

定　　价：120.00 元（共 2 册）

出版发行：云南出版集团　云南科技出版社

地　　址：昆明市环城西路 609 号

电　　话：0871-64192760

前　言

多年前与詹英佩老师聊景东茶文化时，她当时正在写《茶出银生茶界诸山——无量山》一书，后来看到她的书里有一些宝贵资料和观点，为此也认真读了一些有关大理和云南的史料，阅读了《南诏德化碑》的不同版本及解释，我带着好奇心，挖掘一段消失千年的文化。这是我第一次听到"刊木通道"一词。

我深知要写好"刊木古道"是一件非常不易的事，久远的时间，缺失的史料，很多前辈对其内涵的解读与我解读的观点的分歧，留存遗迹的寻找考证之艰难等，令我一度想放弃。但在 2020 年 10 月，我与原任云南省文化旅游厅党委书记的朱飞云先生巧遇，我给他谈了一下设想，他勉励说："我在任上时就一直在寻找云南省区域性的文化现象，刊木古道的历史文化内涵很深厚，涉及西双版纳、大理、普洱等地，能很好地结合现实发展，是一个非常有意义的课题，期望其可带动地方旅游文化的发展。"他给了我极大的鼓励，才得以继续。因设想出版《普洱茶苦旅系列作品》，能形成一定的茶文化体系。在工作之余，我用了半年的时间来完成"刊木古道"的重走、考证、采访、撰写，终于出版了《普洱茶苦旅系列丛书》——《普洱茶苦旅·寻茶》和《普洱茶苦旅·刊木古道》。

随着对刊木古道历史的挖掘，内容越来越丰富，历史越来越清晰，可写的东西越来越多，但因时间关系，此书仅能抛砖引玉。因作者水平有限，不足之处敬请读者谅解、指正。书中各地的简介及历史沿革内容来源于地方官网。王文贵、李琨、邵鸿雁参加走访、拍照等工作，谢开明、张开森两位老师对书稿给予斧正。

作者简介

包忠华　男，出生于 1968 年 5 月 11 日，籍贯云南景东；1988 年 12 月在景东县文玉乡财政所工作；1999—2004 年 3 月任景东县财政局县乡财源建设办公室主任；2004 年 3 月—2006 年 11 月在景东县蚕桑办副主任；2006 年 11 月—2015 年 1 月在普洱市茶产业发展办公室、普洱市茶业局，任文化品牌科科长。写了近 30 万字有关茶历史、茶文化方面的文章，在国内外杂志、报纸、网络、小说等媒体发表；任新编《云南大典》编委会副主任。

包忠华系统阐述了普洱生茶中的新茶、中期茶、老茶的分类及概念；系统阐述了普洱茶仓概念及分类；首次提出晒红茶的概念，申报并获云南省卫计委批准《晒红茶企业标准》，2020 年 3 月取得"晒红茶"国家发明专利，目前晒红茶成为云南茶的一个新亮点，得到广泛使用；同时获得了"手撕饼（飞饼）"国家运用技术专利等多项国家专利。

包忠华曾任普洱新华国茶有限公司党支部书记、总经理，云南省普洱茶协会副会长，普洱市茶协会副会长；2018 年荣获"云南茶区十佳匠心茶人"称号，普洱市"2018 年度市级领军人才（工匠类）"和 2018 年"优秀普洱工匠"称号，被特聘为滇西应用技术大学普洱茶学院导师；荣获 2020 年云南省高层次人才"首席技师"称号。

摄影师简介

王文贵（天马行云）　五行属金之马，原籍宁洱县，从军七载，1986 年调入澜沧县委宣传部工作，1987 年筹备创办新《澜沧报》及《澜沧江》刊物，开创澜沧有史以来第一个摄影组织《澜沧边地摄影协会》，1997 年加入云南省摄影家协会。足迹遍布澜沧江中下流域，摄影作品多次入选省市影展荣获过一、二、三等奖，《古茶山晨曦》曾荣获云南举办的全国摄影大赛一等奖。

目　录

第一章 追溯刊木古道

第一节 探寻起始

出发前，在阅读大量史料的基础上，做了史料的收集、进行了线路规划、拟定了写作提纲，也算做足了功课。2020年12月28日上午，王文贵、李琨我们三人从思茅出发，晚上落脚于景东县城，开始探寻"刊木古道"。计划从刊木古道的起点大理开始，因了解到景东县漫湾镇安召村的叶桌贵大爷年轻时是巍山县骡马运输队的会计，经常走这条古道，我们顺路先去了解一些基本情况。

12月29日早上，我们从曾经的刊木古道逆向而行，途中停车在文龙乡三岔河村，安定镇的中仓村、迤仓村等地拍了照。在"三七厂"停车采访拍照用了两个小时，翻越无量山，中午2点多才赶到漫湾镇的窝落地吃午饭。采访完窝落地，下午

石镶古道

安定迤仓古驿站遗址

6 点多到了安召村。安召村委会和县民政局驻村干部们热情地接待了我们，村委会书记叶栋录的父亲就是此行的主要采访对象。他家里做了一顿地道的农家饭，一盆土鸡肉，一碗无量山火腿腊肉，一碗当地装芭蕉心的香肠，一盆被霜冰过的青菜，菜的个数不多，但可口无比，这些都是小时最奢望的东西，也是舌尖上的记忆。

作者在安召村采访

饭后已经是晚上，围着火塘采访了精神矍铄的叶桌贵老人。他出生于 1934 年10 月，汉族，1942 年开始在安召上私立小学，他父亲叶正明在安召街经商，家里有马帮、商铺，也开"大烟馆"，家里比较有钱，就请私塾老师办了学校，在家里读到小学 3 年级，因上高小要到安乐或安定读，所以就没有继续读书。1951 年，仅 16 岁的他到了巍山县税务所工作，后来调到县联社工作。1956 年他又被抽调到县运输大队工作。巍山县运输大队下设三个中队，他在第三中队任会计。1968 年因离家远，家里孩子多生活比较困难，就从运输队回家，在安召村委会任文书 12 年。1980 年回家务农至今。

他在县运输队时常随马帮到各地运送物资，听说有茶马盐道，后来又听说茶马古道，刊木古道今天才第一次听说。当年他从巍山县回家步行两天时间，从县城出发 2 小时左右到了庙山垭口。庙山是巍山县和南涧县的分界线，南涧县是 1949 年10 月后从巍山县分设出去的。从庙山赶到乐秋乡吃中午饭，晚上住碧溪，第二天过了公朗到沙乐吃中午饭，经过南涧县的官地村，很快就回到安召。

过去赶马帮中午要放稍，也就是中午放马吃草休息一两个小时，各马帮开火做饭。一稍为15千米左右的路程，一般是选择有草有水的坡地放稍；二稍为一日设驿站，也就是两驿站间距离为25～30千米左右，人步行一天一般走两个驿站。古时候官方设驿站的地方多为今天乡镇所在地。如果是马帮从巍山县到安召需要4天左右的时间。

采访完叶大爷，我们晚上住在村委会新落成的三层小楼里。这里的海拔1750米，在无量山的半山腰上，夜里温度低，寒风吹来，窗子的狭缝里发出"呼呼呼"声，村里为我们每人增加了一床崭新的军棉被，三人聊着聊着也就睡着了。

安召村是大理州与普洱市的交界，仅一条小河为界。普洱市范围的情况已基本清楚，而大理州范围还是一片空白，这次利用元旦假期和公休的契机，来完成多年的夙愿。去寻找先人的足迹，探寻尘封千年的古道，探究古道上的传奇，畅想千年前南诏国开疆拓土，开挖刊木通道时的艰难困苦，以及如何翻过一座座崇山峻岭，淌过一道道大河溪流。

叶桌贵老人讲述往事

刊木通道上的一幅幅场景历历在目：马帮的驼铃声响彻山谷，山坡上放马午稍的赶马人用这短暂的时间做饭，缓解一下疲惫的身躯，在暖阳下思念着远方的家人，没心情去欣赏眼前盛开的马樱花、杜鹃花等沿途风景。不时会传来吆喝骡马的声音，不远处的山坡上赶马小哥婉转高亢的山歌让大山增添几分欢快的气息；古道上往来的行人，头戴斗笠，身披蓑衣，脚穿草鞋，背负重物的行人在吃力地慢行着；送信的官差健步如飞，不时有佩戴整齐的军人列队走过；沿途的古驿站多是草屋等陋室，为马帮行人提供遮风避雨之所，驿站里较好的屋子多是达官贵人们享用。

2021年的元旦，早晨我们先到大理三塔，后到太和村西面的南诏

大理三塔

太和城遗址公园，详细看了德化碑碑文，了解南诏国、大理国的有关历史。探寻得先从南诏国、大理国、天宝战争、德化碑等依次考察，围绕刊木古道这条主线，去发现与挖掘一段段历史，解读不一样的史书记录，一个个故事，一道道风景……

巍山古城

第二节　南诏国

公元738—902 年，在大唐之南崛起一个古代王国，史称南诏国。南诏国领土最大时包括现在的云南全部，贵州、四川、西藏一部分，越南、缅甸等国家的部分地区。

唐永徽五年（654年），蒙舍诏张乐进求让位于避仇来居的细奴逻。细奴逻遣子入唐，求唐保护。自唐高宗仪凤三年（678 年）起，吐蕃先后征服五诏，独蒙舍诏始终附唐。开元元年（713 年），玄宗封南诏皮罗阁为台登郡王。开元二十六年（738年），皮罗阁在唐王朝

巍山古城

支持下兼并五诏，进爵云南王，建立南诏国。次年从巍山迁都太和城（今大理市境内）。唐昭宗天复二年（902 年），南诏国权臣郑买嗣夺位自立，改国号大长和，南诏国至此灭亡，共传位九代，历经165 年。

隋末唐初洱海地区有六个实力较强的小国，分别被六个国王统领，被称为六诏，分别是：蒙嶲诏、越析诏、浪穹诏、邆赕诏、施浪诏、蒙舍诏。蒙舍诏在诸诏之南，称为"南诏"。在唐王朝的支持下，南诏先后征服了西洱河地区五诏诸部，统一了洱海地区。

南诏国本为大唐藩属国，但数次叛唐成为独立国家，首都为太和城、苴咩城、鄯阐城，为今天的大理市。南诏国共称王封帝了九位帝王，其中最出名皮罗阁、阁罗凤、世隆、隆舜等。早期设置了"十睑、六节度、两都督"的地方机构。十睑：太和睑（今大理市太和村）、羊直晖睑（又称阳睑，今大理城）、大厘睑（又称史睑，今大理市喜洲）、遗川睑（今洱源县邓川）、赵川睑（今大理市凤仪镇）、蒙

舍睑（今巍山县城）、白崖睑（又称勃弄睑，今弥渡县红岩）、云南睑（今祥云县云南驿）、蒙泰睑（今漾濞县和巍山县北部）、品澹睑（今祥云县城区）；六节度：弄栋节度（治在今姚安）、拓东节度（治在今昆明拓东）、宁北节度（后改剑川节度，治在今剑川）、永昌节度（治在今保山城）、丽水节度（始称镇西节度，治在今缅甸达罗基）、银生节度（治在今普洱、版纳等地）；两都督：通海都督（治在今通海县）、会川都督（治在今四川会理县西）。

巍山古城门

南诏国最强胜时国土面积约 75 万平方千米，后来又相继设置了铁桥节度和开南节度。

《南诏德化碑》撰写人郑回，唐代河南荥阳（今郑州荥阳）人，于玄宗天宝中举明经，天宝（742—756 年）年间为西泸（今四川西昌）县令，后被南诏所俘，因学识渊博、精通政务，得到南诏王室的赏识，官居清平官，相当于宰相。其为南诏国在政治、经济、文化、军事等方面的发展起了极大推动作用，并促成唐王朝与南诏结盟，影响了南诏王国数代人。同时，他的后代也世袭这一重要职位。到了郑回的七世孙郑买嗣，郑氏家族完全控制了南诏政权，灭了南诏国，建立了大长和国，而后实行汉化教育，并与中原王朝发展友好关系，客观上加强了中原与西南边陲的经济文化交流。大长和国仅存世27年，传三世而亡于内乱，后被大天兴国取代。所以说南诏国兴也郑氏，亡也郑氏。

在《南诏德化碑》之前记录云南历史更早有骆宾王著的《从军中行路难》。骆宾王（626—687年），字观光，婺州义乌（今属浙江）人。唐代大臣、诗人、儒客大家，与王勃、杨炯、卢照邻合称"初唐四杰"。诗中描述了骆宾王从四川到云南从军路上的艰难万险，以及沿途风土人情：

"君不见封狐雄虺自成群，冯深负固结妖氛。玉玺分兵征恶少，金坛受律动将军。将军拥旄宣庙略，战士横行静夷落。长驱一息背铜梁，直指三巴逾剑阁。阁道

巍山古城

岩崤上戍楼，剑门遥裔俯灵丘。邛关九折无平路，江水双源有急流。征役无期返，他乡岁华晚。杳杳丘陵出，苍苍林薄远。途危紫盖峰，路涩青泥坂。去去指哀牢，行行入不毛。绝壁千里险，连山四望高。中外分区宇，夷夏殊风土。交趾枕南荒，昆弥临北户。川源饶毒雾，溪谷多淫雨。行潦四时流，崩查千岁古。漂梗飞蓬不自安，扪藤引葛度危峦。昔时闻道从军乐，今日方知行路难。苍江绿水东流驶，炎洲丹徼南中地。南中南斗映星河，秦川秦塞阻烟波。三春边地风光少，五月泸中瘴疠多。朝驱疲斥候，夕息倦谁何。向月弯繁弱，连星转太阿。重义轻生怀一顾，东伐西征凡几度。夜夜朝朝斑鬓新，年年岁岁戎衣故。灞城隅，滇池水，天涯望转积，地际行无已。徒觉炎凉节物非，不知关山千万里。弃置勿重陈，重陈多苦辛。且悦清笳杨柳曲，讵忆芳园桃李人。绛节朱旗分白羽，丹心白刃酬明主。但令一技君王识，谁惮三边征战苦。行路难，行路难，岐路几千端。无复归云凭短翰，望日想长安。"

第三节 大理国

巍山古城

大理国（937—1253 年）。公元 902 年，南诏国权臣郑买嗣夺位自立，改国号大长和，南诏国灭亡；公元 929 年，赵善政灭大长和国，建立大天兴国；公元 930 年，东川节度使杨干贞灭大天兴国，改国号大义宁。

公元 937 年，大义宁国被白族先民段思平所灭，承袭了南诏以来的疆界，建立大理国，定都羊苴咩城（今云南大理），国号"大理"，史称"前理"。疆域覆盖今中国云南、贵州西南部、四川西南部，以及缅甸、老挝、越南北部部分地区。公元 1095 年，宰相高升泰篡位，改国号"大中"，翌年薨逝归政段正淳，史称"后理"。公元 1253 年，大理国被大蒙古国所灭，原大理国君段兴智被任命为大理世袭总管。元世祖至元七年（1270 年），元朝在大理原境置云南行省，加强了中国对西南边疆的行政管理。

崇圣寺三塔

段思平建立大理国后，历行改革、励精图治、发展生产，着手建立新的封建秩序，大理国的生产、经济、文化等得到了很大的发展。大理国共历经 316 年，传位 22 代。大理国与尼泊尔、不丹等国相毗邻，成为印度佛教传入中国的最早地区之一，大理国全国尊崇佛教，广建寺庙，多位国君暮年禅位为僧。

第四节　天宝战争

天宝战争前，南诏国经常派官员到大唐的长安述职。这是南诏国清平官（宰相）杨奇鲲从大理到长安述职，路过成都巴中地区途中写的《途中诗》："风里浪花吹更白，雨中山色洗还青。海鸥聚处窗前见，林狄啼时枕上听。此际自然无限趣，王程不敢暂留停。"

巍山古城

天宝战争是唐天宝年间南诏国联合吐蕃军队抵抗唐朝军队入侵的战争。

隋朝中期，云南地区被少数民族控制并独立于隋朝之外。唐朝统一汉地之后，扶持南诏，并且册封南诏首领皮逻阁为云南王。

唐王朝扶持南诏是用其牵制吐蕃，但南诏势力坐大以后，唐王朝又企图加以控制。皮逻阁死后，双方在王位继承上发生矛盾，加之唐委派的边臣骄暴贪残，终于导致了南诏叛唐。双方反目以后，唐王朝发动了三次大规模的战争，企图一举消灭南诏。南诏则联合吐蕃军队抵抗。第一次天宝之战，由何履光指挥的唐军在南诏取得胜利后返回。然后鲜于仲通和李宓分别指挥的两次唐军则在南诏遭遇了失败。因三场战争均发生在唐天宝（742—756 年）年间，史称"天宝战争"又称"唐天宝战争"。战后，南诏国归顺吐蕃。

据史书记载："虔陀遣人骂辱之，仍密奏其罪恶。"大唐派驻云南的官吏张虔陀向阁罗凤索取贿赂，遭到拒绝后，变本加厉，侮辱眷属。阁罗凤闻讯大怒，"发兵攻虔陀，杀之，取姚州及小夷州凡三十二"。如果此时大唐朝廷能够明辨是非，也不会发生大规模战争，但此时宰相杨国忠"欲求恩幸立边功"，想通过战争树立威信，所以才有战争的爆发。

天宝十年（751 年），唐朝剑南节度使鲜于仲通率领 8 万大军，征讨南诏。阁罗凤并不愿意与唐朝开战，他"遣使者谢罪，愿还所虏，得自新，且城姚州"。但是鲜于仲通不为所动，"囚使者，进薄白厓城"。结果唐军在西洱河一战惨败，8 万大军几乎全军覆没，主帅鲜于仲通仅以身免。

第二次征讨失败后，杨国忠"耻云南无功"，向皇帝谎报军情，掩盖败状，谎报胜利。此后杨国忠亲自兼任剑南（今成都）节度使，他调兵遣将，又组织了一支十余万的军队，于天宝十三年（754年），侍御史李宓率领大军十余万，第三次征讨南诏。

南诏采用坚壁清野之策，固守天险，避而不战。时值夏天，天气炎热，而唐军大多是北方人，因水土不服，"瘴死者相属于路"。另外唐军人数众多，补给十分困难。虽然李宓勉强将军队带到了太和城下，但此时唐军已经是强弩之末。

在西洱河畔，南诏与唐军展开了大战，"宓复败于太和城北，死者十之八九"，唐军几乎全军覆没，主将李宓投江自杀。

天宝战争使唐朝损兵折将近20万人，而且都是"弃之死地，只轮不返"。经济上，"数年间，因渐减耗"，国库空虚，国力大损。第三次天宝战争失败的第二年，即天宝十四年（755年），安禄山、史思明发动了"安史之乱"，从此大唐由盛世逐渐走向衰亡。

巍山古城

第五节 银生节度

景东文庙

南诏国设"十睑""六节度""二都督"。其中,对于银生节度(今景东),唐大历元年(766年)立的南诏《德化碑》载:"建都镇塞,银生于墨嘴之乡。"《云南民族史》载:"公元762年(唐代宗宝应元年)冬天,阁罗凤率兵'西开寻传',征服金齿、银齿、绣脚、绣面、茫蛮、寻传、朴子、望蛮、'倮形蛮'等众多的部落。"马耀《云南简史》载:"公元765年筑拓东城(今昆明),以阁罗凤之子凤伽异为'二诏'(副国王),居拓东。南诏设立银生节度、银生府,统领'墨嘴'等部落。"据此推判银生节度与银生府的设置时间为唐永泰元年,即公元765年。

银生节度与银生府属同城而治,银生府位于今景东县锦屏镇。银生节度管辖"银生城、开南城、威远城、奉逸城、利润城、茫乃道、柳追和城、扑败、通遗川、河普川、大银孔等地"。

"开南城"位于今景东县文井镇开南村,"威远城"位于今景谷县威远镇,

"奉逸城"位于今宁洱县，"利润城"位于今勐腊县易武，"茫乃道"位于今景洪，"柳追和城"位于今镇沅县恩乐镇，"扑败"位于今南涧县公郎，"通遗川"位于今墨江县联珠镇，"河普川"位于江城县勐烈镇，"大银孔"位于今泰国清迈。可见，唐时银生节度范围应该包括今普洱市、西双版纳州及泰国清迈、老挝北部、越南莱州等地。

银生节度管辖最大面积约9万平方千米，是南诏国国土面积最大的节度，约占南诏国总面积的12%。银生节度是个多民族共生存的地方，银生城所处的坝区多以"黑齿""金齿"等傣族为主，山区以乌蛮、和蛮、朴子蛮等为主。"乌蛮"即今彝族的先民，"和蛮"是今哈尼族的先民，"昔朴"即"朴子蛮"，今布朗族的先民。这些族群勇猛彪悍，擅长狩猎，多使用弓弩刀剑等。

银生城、开南城因地理位置接近南诏国、大理国的政治经济军事文化中心，深受南诏、大理文化的影响。同时，银生城、开南城作为西南重镇，是银生节度全境的经济文化中心，又是交通贸易的重镇。

银生城、开南城地处平坝，主要以傣族居住为主，而傣族是仅次于白族的较先进的少数民族。曾统治景东达580余年的傣族土司陶府，经历了元、明、清三个朝代。

银生城是《蛮书》中记载："茶出银生城界诸山……"是云南最早记录有关茶叶生产饮用的地方。

从银生城到大理城，人行走只需要4～5天的时间。以南诏国首都大理为起点，沿着无量山修建的一条国道"刊木通道"，史称"刊木古道"。从刊木古道上去追寻曾经皇家的田园、茶园、盐井等痕迹，发现了诸多故事淹没在千年的历史长河中。

景东文庙

第六节　南诏德化碑

在大理市太和村西面的南诏太和城遗址内，矗立着一块黑色的古碑——"南诏德化碑，被誉为"云南第一碑"。碑高 3.97 米，宽 2.27 米，厚 0.58 米。正面刻碑文 40 行，约 3800 余字，仅存残破碑文 256 字。碑阴刻书 41 行，详列南诏清平官、大将军、六曹长等职衔和姓名。经过千百年的风风雨雨，现碑文仅存 800 余字。

南诏文化广场

从大理州官网下载的《南诏德化碑》全文如下：

恭闻清浊初分，运阴阳而生万物；川岳既列，树元首而定八方。故知悬象着明，莫大于日月；崇高辨位，莫大于君臣。道治则中外宁，政乖必风雅变。岂世情而致，抑天理之常。我赞普钟蒙国大诏，性业合道，智观未萌。随世运机，观宜抚众，退不负德，进不惭容者也。

王姓蒙，字阁罗凤，大唐特进云南王越国公开府仪同三司之长子也。应灵杰秀，含章挺生。日角标奇，龙文表贵。始乎王之在储府，道隆三善，位即重离。不读非圣之书，尝学字人之术。抚军屡闻成绩，监国每着家声。唐朝授右领军卫大将军兼阳瓜州刺史。

洎先诏与御史严正诲静边寇，先王统军打石桥城，差诏与严正诲攻石和子。父子分师，两殄凶丑。加左领军卫大将军。无何，又与中使王承君同破剑川，忠绩载扬，赏延于嗣，迁左金吾卫大将军。而官以材迁，功由干立。朝廷照鉴，委任兵权。寻拜特进、都知兵马大将。二河既宅，五诏已平。南国止戈，北朝分政。而越析诏余孽于赠，恃铎鞘，骗泸江，结彼凶渠，扰我边鄙。飞书遣将，皆辄拒违。诏弱冠之年，已负英断，恨兹残丑，敢逆大邦。固请自征，志在夷扫。枭于赠之头，倾伏藏之穴。铎捎尽获，宝物并归。解君父之忧，静边隅之祲。制使奏闻，酬上柱国。

天宝七载，先王卽世，皇上念功旌孝，悼往抚存。遣中使黎敬义持节册袭云南王。长男凤迦异时年十岁，以天宝入朝，授鸿胪少卿，因册袭次，又加授上卿，兼阳瓜州刺史、都知兵马大将。既御厚眷，思竭忠诚。子弟朝不绝书，进献府无余月。将谓君臣一德，内外无欺。岂期奸佞乱常，抚虐生变。

初，节度章仇兼琼不量成败，妄奏是非。遣越嶲都督竹灵倩置府东爨，通路安南。赋重役繁，政苛人弊。被南宁州都督爨归王、昆州刺史爨日进、黎州刺史爨祺、求州爨守懿、螺山大鬼主爨彦昌、南宁州大鬼主爨崇道等陷煞竹灵倩，兼破安宁。天恩降中使孙希庄、御史韩洽、都督李宓等，委先诏招讨，诸爨畏威怀德，再置安宁。其李宓忘国家大计，蹑章仇诡踪，务求进官荣。宓阻扇东爨，遂激崇道，令煞归王。议者纷纭，人各有志。王务遏乱萌，思绍先绩。乃命大军将段忠国等与中使黎敬义、都督李宓，又赴安宁，再和诸爨。而李宓矫伪居心，尚行反间。更令崇道谋煞日进，东爨诸酋，并皆惊恐。曰："归王，崇道叔也；日进，弟也，信彼谗构，煞戮至亲。骨肉既自相屠，天地之所不佑。"乃各兴师，召我同讨。李宓外形中正，佯假我郡兵，内蕴奸欺，妄陈我违背。赖节度郭虚己仁鉴，方表我无辜。李宓寻被贬流，崇道因而亡溃。

南诏德化碑

太和城遗址碑

又越巂都督张虔陀，尝任云南别驾，以其旧识风宜，表奏请为都督。而反诳惑中禁，职起乱阶。吐蕃是汉积雠，遂与阴谋，拟共灭我。一也。诚节王之庶弟，以其不忠不孝，贬在长沙。而彼奏归，拟令间我。二也。崇道蔑盟构逆，罪合诛夷，而却收录与宿，欲令雠我。三也。应与我恶者，并授官荣，与我好者，咸遭抑屈，务在下我。四也。筑城收质，缮甲练兵，密欲袭我。五也。重科白直，倍税军粮，征求无度，务欲蔽我。六也。于时驰表上陈，屡申冤枉，皇上照察，降中使贾奇俊详覆。属竖臣无政，事以贿成。一信虔陀，共掩天听，恶奏我将叛。王乃仰天叹曰："嗟我无事，上苍可鉴。九重天子，难承咫尺之颜。万里忠臣，岂受奸邪之害。"卽差军将杨罗颠等连表控告。岂谓天高听远，蝇点成瑕，虽布腹心，不蒙衿察。管内酋渠等皆曰："主辱臣死，我实当之。自可齐心戮力，致命全人。安得知难不防，坐招倾败。"于此差大军将王毗双、罗时、牟苴等扬兵送檄，问罪府城。自秋毕冬，故延时序，尚仁王命，冀雪事由。岂意节度使鲜于仲通已统大军，取南溪路下；大将军李晖从会同路进；安南都督王知进自步头路入。旣数道合势，不可守株。乃宣号令，诚师徒，四面攻围，三军齐奋。先灵冥佑，神炬助威。天人协心，军羣全拔。虔陀饮酖，察庶出走。王以为恶止虔陀，罪岂加众，举城移置，犹为后图。卽便就安宁再申衷恳。城使王克昭执惑昧权，继违拒请。遣大军将李克铎等帅师伐之。我直彼曲，城破将亡。而仲通大军已至曲、靖。又差首领杨子芬与云南录事参军姜如之赍状披雪："往因张卿诳构，遂令蕃、汉生猜。赞普今见观衅浪穹。或以众相威，或以利相导。傥若蚌鹬交守，恐为渔父所擒。伏乞居存见亡，在得思失。二城复置，幸容自新。"仲通殊不招承，劲至江口。我又切陈丹欵，至

南诏德化碑的石刻

于再三。仲通拂谏,弃亲阻兵,安忍吐发,唯言屠戮。行使皆被诟呵。仍前差将军王天运帅领骁雄,自点苍山西,欲腹背交袭。于是具牲牢,设坛墠,叩首流血曰:"我自古及今,为汉不侵不叛之臣。今节度背好贪功,欲致无上无君之讨。敢昭告于皇天后土。"史祝尽词,东北稽首。举国痛切,山川黯然。至诚感神,风雨震霈。遂宣言曰:"彼若纳我,犹吾君也。今不我纳,即吾雠也。断,军之机;疑,事之贼。"乃召卒伍,捆然登陴。谓左右曰:"夫至忠不可以无主,至孝不可以无家。"即差首领杨利等于浪穹参吐蕃御史论若赞。御史通变察情,分师入救。时中丞大军出陈江口。王审孤虚,观向背,纵兵亲击,大败彼师。因命长男凤迦异、大军将段全葛等,于丘迁和拒山后赞军。王天运悬首辕门,中丞逃师夜遁。军吏欲追之。诏曰:"止。君子不欲多上人,况敢凌天子乎。苟自救也,社稷无殒多矣。"既而合谋曰:"小能胜大祸之胎,亲仁善邻国之宝。"遂遣男铎传旧、大酋望赵佺邓、杨传磨侔及子弟六十人,赍重帛珍宝等物,西朝献凯。属赞普仁明,重酬我勋劳。遂命宰相倚祥叶乐持金冠、锦袍、金宝带、金帐(状)〔床〕、安扛伞、鞍银兽及器皿、珂贝、珠球、衣服、驮马、牛缕等,赐为兄弟之国。天宝十一载正月一日,于邓川册诏为赞普钟南国大诏,授长男凤迦异大瑟瑟告身、都知兵马大将。凡在官僚,宠幸咸被。山河约誓,永固维城。改年为赞普钟元〔年〕。

二年,汉帝又命汉中郡太守司空袭礼、内使贾奇俊帅师再置姚府,以将军贾瓘为都督。金曰:"汉不务德而以力争,若不速除,恐为后患。"遂差军将王(兵)〔丘〕各绝其粮道,又差大军将洪光乘等,神(州)〔川〕都知兵马使论绮里徐同围府城,信宿未逾,破如拉朽。贾瓘面缚,士卒全驱。

三年,汉又命前云南都督兼侍御史李宓、广府节度何履光、中使萨道悬逊,惣秦、陇英豪,兼安南子弟,顿营陇坪,广布军威。乃舟楫备修,拟水陆俱进。遂令军将王乐宽等潜军袭造船之师,伏尸遍毘舍之野。李宓犹不量力,进逼邆川。时神川都知兵马使论绮里徐来救,已至巴蹻山。我命大军将段附克等内外相应,竞角竞冲。彼弓不暇张，刃不及发。白日晦景，红尘翳天。流血成川，积尸壅水。三军溃蚓，元帅沉江。诏曰："生虽祸之始，死乃怨之终。岂顾前非而亡大礼。"遂收亡将等尸，祭而葬之，以存恩旧。

南诏德化碑遗址

五年，范阳节度使安禄山窃据河、洛，开元帝出居江、剑。赞普差御史赞郎罗于恙结赍勃书曰："树德务滋长，去恶务除本。越巂、会同谋多在我，图之此为美也。"诏恭承上命，卽遣大军将洪光乘、杜罗盛、段附克、赵附于望、罗迁、王迁、罗奉、清平官赵佺邓等，统细于藩从昆明路，及宰相倚祥叶乐、节度尚检赞同伐越巂。诏亲帅太子藩围逼会同。越巂固拒被僇，会同请降无害。子女玉帛，百里塞途，牛羊积储，一月馆谷。

六年，汉复置越巂，以杨庭琰为都督，兼固台登。赞普使来曰："汉今更置越巂，作援昆明。若不再除，恐成滋蔓。"既举奉明旨，乃遣长男凤迦异驻军泸水，权事制宜。令大军将杨传磨侔等与军将欺急历如数道齐入。越巂再扫，台登涤除。都督见擒，兵士尽掳。于是扬兵邛部，而汉将大奔，回斾昆明，倾城稽颡。可谓绍家继业，世不乏贤。昔十万横行，七擒纵略，未足多也。

爰有寻传，畴壤沃饶，人物殷凑。南通渤海，西近大秦。开辟以来，声教所不及；羲皇之后，兵甲所不加。诏欲革之以衣冠，化之以义礼。十一年冬，亲与寮佐兼总师徒，刊木通道，造舟为梁。耀以威武，喻以文辞。欵降者抚慰安居，抵捍者

（颈系）〔系颈〕盈贯。矜愚解缚，择胜置城。裸形不讨自来，祁鲜望风而至。

且安宁雄镇，诸爨要冲。山对碧鸡，波环碣石。盐池鞅掌，利及鞊、欢，城邑绵延，势连戎、僰。乃置城监，用辑携离。远近因依，闾阎栉比。十二年冬，诏候隙省方，观俗恤隐。次昆川，审形势，言山河以作藩屏，川陆可以养人民。十四年春，命长男凤迦异于昆川置柘东城，居二诏佐镇抚。于是威慑步头，恩收曲、靖。颂诰所及，翕然俯从。

我王气受中和，德含覆育。才出人右，辩称世雄。高视则卓尔万寻，运筹则决胜千里。观衅而动，因利兴功。事叶神衷，有如天启。故能拔城挫敌，取胜如神。以危易安，转祸为福。绍开祖业，宏覃王献。坐南面以称孤，统东偏而作主。然后修文习武，官设百司，列尊叙卑，位分九等。阐三教，宾四门。阴阳序而日月不僭，赏罚明而奸邪屏迹。通三才而制礼，用六府以经邦。信及豚鱼，恩沾草木。屼塞流潦，高原为稻黍之田。疏决陂池，下隰树园林之业。易贫成富，徙有之无，家饶五亩之桑，国贮九年之廪。荡秽之恩，屡沾蠢动。珍帛之惠，遍及耆年。设险防非，凭隘起坚城之固；灵津蠲疾，重岩涌汤沐之泉。越赕天马生郊，大利流波濯锦。西开寻传，禄郫出丽水之金；北接阳山，会川收瑟瑟之宝。南荒漭凑，覆诏愿为外臣；东爨悉归，步头已成内境。建都镇塞，银生于墨觜之乡；候隙省方，驾憩于洞庭之野。盖由人杰地灵，物华气秀者也。于是犀象珍奇，贡献毕至，东西南北，烟尘不飞。遐迩无剽掠之虞，黔首有鼓击之泰。乃能骧首邛南，平眸海表。岂惟我钟王之自致，实赖我圣天帝赞普德被无垠，威加有截。春云布而万物普润，霜风下而四海飒秋。故能取乱攻昧，定京邑以息民，兼〔弱〕侮亡，册汉帝而继好。

时清平官段忠国、段寻铨等咸曰："有国而致理，君主之美也。有美而无扬，臣子之过也。夫德以立功，功以建业，业成不纪，后嗣何观。可以刊石勒碑，志功颂德，用传不朽，俾达将来。"（□成）〔蛮盛〕家世汉臣，八王称乎

德化碑碑文

德化碑碑文遗址

茶马古道

晋业，钟铭代袭，百世定于当朝。生遇不天，再罹衰败。赖先君之遗德，沐求旧之鸿恩。改委清平，用兼耳目。心怀吉甫，愧无赞于周诗，志劢奚斯，愿齐声于鲁颂。纪功述绩，寔曰鸿徽。自顾不才，敢题风烈。其词曰：

降祉自天，福流后孕。瑞应匪虚，祯祥必信。圣主分忧，遐夷声振。袭久传封，受符兼印。其一。

兼琼秉节，贪荣构乱。开路安南，政残东爨。竹倩见屠，官师溃散。赖我先王，怀柔伏叛。其二。

祚不乏贤，先〔庸〕〔猷〕是继。群守诡随，贬身遐裔。祸连虔陀，乱深竖嬖。殃咎匪他，途豕自殢。其三。

仲通制节，不询长久。征兵海隅，顿营江口。矢心不纳，白刃相守。谋用不臧，逃师夜走。其四。

汉不务德，而以力争。兴师命将，置不层城。三军往讨，一举而平。面群羣吏，驰献天庭。其五。

李宓总戎，犹寻覆辙。水战陆攻，援孤粮绝。势屈谋穷，军残身灭。祭而葬之，情由故设。其六。

赞普仁明，审知机变。汉德方衰，边城绝援。挥我兵戎，攻彼郡县。越巂有征，会同无战。其七。

雄雄嫡嗣，高名英烈。惟孝惟忠，乃明乃哲。性惟温良，才称人杰。邛泸一扫，军郡双灭。其八。

观兵寻传，举国来宾。巡幸东爨，怀德归仁。碧海效祉，金穴荐珍。人无常主，惟贤是亲。其九。

土于克开，烟尘载寝。毂击（犁）〔犂〕坑，辑熙羣品。出入连城，光扬衣锦。业留万代之基，仓贮九年之廪。其十。

明明赞普，扬（于）〔干〕之光。赫赫我王，实赖之昌。化及有土，业着无疆。河带山砺，地久天长。其十一。

辩称世雄，才出人右。信及豚鱼，润深琼玖。德以建功，是谓不朽。石以刊铭，〔可长〕可久。其十二。

第七节　南诏德化碑的一些记载新解读

《德化碑》原文："开辟以来，声教所不及，羲皇之后，兵甲所不加。诏欲革之以衣冠，化之以礼义。十一年冬，亲与寮佐兼总师徒，刊木通道，造舟为梁。耀以威武，喻以文辞。"

德化碑遗址

寮佐指官署协助办事的官吏，也叫幕僚官；总师徒而非总司徒，司徒属三公，官居一品；总师徒应为某项工程的总指挥、总工。

我的解释是：天地开辟以来，内地的声威教化没有到达这里，自伏羲教民渔猎以后，南诏这里从未遭过战争。南诏国王想用衣冠改革这里的状况，用礼义开化这里的人民。赞普钟十一年冬天，王把身边的僚佐，任总师徒，修通刊木通道。伐木以作造船、建房之栋梁，运送兵粮，用强大的武力进行威慑，以文辞加以晓谕。

《德化碑》原文中："建都镇塞，银生于墨觜之乡，候隙省方，驾憩于洞庭之野。盖由人杰地灵，物华气秀者也。"

我的解释是：扩建南诏国国都，在要塞的地方建城镇守，银生城建于蛮夷之地。有空巡游，考察风俗，休驾神游在洞庭的原野。大概是由于人杰地灵，物华气秀的缘由。

以上两段首先是要解决刊木通道是否专指某条特定的路？其次是哪条路？

云南知名作家詹英佩在写《茶出银生界诸山——无量山》一书中，认为刊木通道是一条从南诏国国都大理通往银生节度的一条古道。

唐朝天宝年间设有十个节度，其中剑南节度，治所在益州（今四川成都），从大理城到成都和从大理城到西藏的通道在南诏国以前就已开通。从大理城取道步头（今建水）到安南（越南河内）的称为步头路，在后面提到，这些都不属刊木通道。

南诏虽然有洱海，但属内陆地区，不需要大量造船。而南诏国范围内最主要的江河为澜沧江，澜沧江上游水流湍急，可行船的渡口少，但进入银生节度范围后水流稍平缓，渡口增多，用船量大，需砍木造船。银生节度府（景东）离南诏国都大理较近，物产丰富，人口较多。于公元764年开始修建刊木通道，公元765

作者在大理三塔

年设置银生节度并开始建银生城，这比较符合逻辑，所以刊木通道是专指从南诏国通往银生节度的道路总称。又因银生节度为南诏国最大的节度，政治、经济、军事等战略地位特殊，用造舟为梁来形容其重要性，比喻为国之要道，突出刊木通道的重要性。

文中步头（今建水）属通海督都府管辖范围，已成南诏国领地，步头与银生节度相连。

银生建于墨觜之乡，但在目前译释《德化碑》的多个版本中，墨觜也有写成黑龄、黑嘴等，其含义大相径庭，正确的应该是银生于墨觜之乡。墨与黑的意思相同，但觜指动物坚硬的角和嘴。墨觜特指身上佩戴黑色的动物头、角、齿、爪、皮的族群，是蛮夷（古濮人）的形象称谓。"银生于墨觜之乡"可理解为银生城建于无量山、哀牢山之间的蛮夷之地。此地山高密林动物多，当地乌蛮、和蛮、朴子蛮、金齿等夷人彪悍野蛮，擅长狩猎，喜欢黑色。

郑回作为原大唐县令，学识渊博，熟知中华文化，使用字词是非常准确的，但因碑文年代久远，刻文脱落模糊，后人记录整理时难免有误。不同时期的人对其解读也有较大差异，对"刊木通道"多解释为砍树架桥，因此才让1200多年前的历史记录淹没在历史的长河中。今天将揭开历史的谜团，彰显一幅幅波澜壮阔的画卷，再现大美江河山川，走进古朴秀美的古镇乡村。

第二章　关于路的那些事

第一节　古道的由来

镇沅太和村古道

行走在公路上的马帮

　　鲁迅说："世上本无路，走的人多了，也便成了路。"古道泛指某一领域形成的官道和民间小道的总称，就像一条大江及其支流。中国大地上曾经有过无数的大路和小路，因朝代的更迭、政治中心的转迁、经济的发展等被新的路道取代。但在几千年的历史长河中发挥了极其重要的作用，留下深深的历史烙印，诸如丝绸之路、茶马古道、刊木古道、秦岭古道、剑门蜀道、太白古道、徽桔古道等，以及中国内陆河道和京杭大运河等都是古代中国经济、政治、文化、军事等交流的文明之路。

第二节　陆上丝绸之路

作者在风雨桥上的巧遇

丝绸之路，简称丝路，广义上是陆上丝绸之路和海上丝绸之路的总称，但一般指陆上丝绸之路。"丝绸之路"的名称最早现于1877年，德国地质地理学家李希霍芬在其著作《中国》一书中正式命名。

"陆上丝绸之路"以沙漠戈壁、草原雪山等为路道，主要交通工具是骆驼和马，主要运输货物为丝绸、陶器、中药、玉石等。起点是中国古代都城长安（西安），经中亚国家、阿富汗、伊朗、伊拉克、叙利亚等而达地中海，以罗马为终点，全长约6440千米。这条路被认为是连结亚欧大陆的古代东西方文明的交汇之路。

陆上丝绸之路起源于西汉（前202—8年）汉武帝派张骞出使西域开辟的以首都长安（今西安）为起点，经甘肃、新疆，到中亚、西亚，并连接地中海各国的陆上通道。东汉时期，经济、政治、文化的国都从长安迁移到洛阳，陆上丝绸之路的起点变为洛阳。

镇沅太和村风雨桥

第三节　海上丝绸之路

　　"海上丝绸之路"以大海为航路，主要交通为工具木船，主要运输货物为丝绸、陶瓷、茶叶、中药等。从广州、泉州、杭州、扬州等沿海城市出发，从南洋到阿拉伯海，甚至远达非洲东海岸，是古代中国与外国交通贸易和文化交往的海上通道。海上丝绸之路形成于秦汉时期，发展于三国至隋朝时期，繁荣于唐宋时期，转变于明清时期，是已知的最为古老的海上航线。

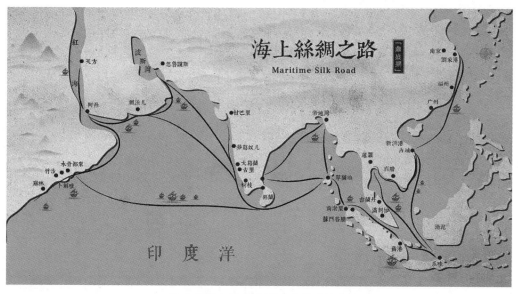

海上丝绸之路示意图（来源网络）

本图境界画法不作画界依据

第四节　以古普洱为起点的茶马古道

思茅茶马古道

那柯里茶马古道

"茶马古道"一词最早由木霁弘、陈保亚、李旭、徐涌涛、王晓松、李林等提出，他们于 1990 年 7 月至 9 月，对滇藏川交界的广大区域进行了徒步考察，行程两千多公里，收集了有关茶马古道的几百万字的第一手材料；于 1992 年云南大学出版社出版的《滇藏川"大三角"文化探秘》一书中正式命名。

茶马古道主要以中国西南崇山峻岭、高原雪山的毛石板为道路，以马和骡子为主要交通工具，运输货物以茶叶、丝绸、中药、皮毛、食盐等为主。起点为主要产茶区的两个集散中心——云南省的古普洱府（今宁洱县）及四川省的雅安。

中国西南地区由于特殊的地理条件，以马帮为主要交通工具，以茶叶为主要载体，从而形成纵横交错的茶马古道。茶马古道源于古代西南边疆的茶马互市，兴于唐宋，盛于明清，二战中后期最为兴盛。

茶马古道主要分川藏线（也称陕康藏）、滇藏线、进京官马大道等。

2013 年 3 月 5 日，茶马古道被国务院列为第七批全国重点文物保护单位。

据《普洱府志》记载，明清时期，以普洱府（今宁洱县）为源头的茶马古道共有五条。

一、东北路——进京官马大道

亦称"前路官马大道"，从普洱府驻地宁洱北上，经石桥寨—菜庵塘—磨黑—孔雀屏—魁阁塘—把边江渡口—通关—墨江—元江—清龙场—杨武—峨山—玉溪—

呈贡到达昆明后，经曲靖入石门关道（又称"五尺道"）进入四川成都。再经陕西、山西、河北到达北京。

二、西北路——普洱西藏茶马大道

又称滇藏茶马古道或滇西后路茶马商道，是世界上海拔最高、路途最为艰险、最富神秘感的古道。从宁洱出发，经恩乐—景东—南涧—下关—丽江—中甸—德钦，到拉萨，出境入锡金、印度、尼泊尔、斯里兰卡等国。

三、西南路——宁洱澜沧茶马大道

又称"旱季茶马大道"，从宁洱—思茅—曼歇坝—整碗—六顺—糯扎渡过澜沧江—澜沧，达缅甸，连接印度洋。

四、南路——宁洱易武茶马大道

又称"石镶路"，从宁洱出发经思茅—倚象镇的大寨—鱼塘村，翻越太阳河国家森林到小坝子后山卡房，进入勐旺乡金家湾—半坡寨（南门口）—蜈蚣桥—科联—补远—小黑江的大过口—象明乡的慈姑塘—倚邦—曼拱—曼松，达易武镇到老挝的琅勃拉邦和万象。

五、东南路——宁洱江城茶马大道

是一条将普洱茶销往国外的重要运输商道。从宁洱出发经思茅—石膏箐—曼克老—整董—营盘山—阿树寨—江城—坝溜或土卡河渡口（沿李仙江而下）—越南勐来（莱州），到海防港口，全程需要一个月左右的时间，再经海防转运香港、澳门、南洋各地。特别在1885—1942年期间，因越南成为法国殖民地，法国人的货轮与火车已成为越南的重要交通工具，这条古道也就成了茶马古道连接海上丝绸之路的交通枢纽。这是普洱茶销往国外距离最短，最快捷的一条通道，成为一条"水上国际茶叶之路"。1942年日本占领越南、老挝等国，实行经济管治与封锁，这条古道就此萧条。

勐旺石镶古道

第五节　以四川雅安为起点的茶马古道

川藏茶马古道以今四川雅安一带产茶区为起点，首先进入康定，自康定起，川藏道又分成南、北两条支线：北线是从康定向北，经道孚、炉霍、甘孜、德格、江达，抵达昌都（即今川藏公路的北线），再由昌都通往西藏地区；南线则是从康定向南，经雅江、理塘、巴塘、芒康、左贡至昌都（即今川藏公路的南线），再由昌都通向西藏地区。

茶马古道上的骆驼

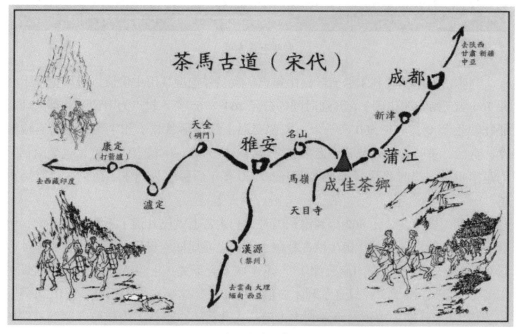

茶马古道示意图

第六节　刊木古道

勐旺石镶古道

刊木古道原名"刊木通道"，由包忠华改名并挖掘其历史价值，最早记录于公元 766 年《南诏德化碑》，开通时间为公元 764—765 年，起点为南诏国首都大理，通往银生节度，全长 500 余千米，主要交通工具是马、骡子和牛帮，主要运输粮食、食盐、茶叶、木材及军事运兵等。银生节度为南诏国最大的节度，也是南诏国的军事重镇。当时修建时称刊木通道，1250 多年后称它为刊木古道，更具有历史感。

唐朝的樊绰在公元 862 年到南诏国时，刊木古道就已开通了近百年的时间，所著《蛮书》第六卷载："银生城在扑赕之南，去龙尾城十日程。"［注银生城（今景东县城）、扑赕（今南涧公郎）、龙尾城（今下关）］也就是说从大理到景东需要走 10 天，由于樊绰只走了刊木古道的一小段，这与实际不相符，"10 日程"应该指 10 个驿站。南诏国修建刊木古道从太和村（今下关）为起点，途经永建—巍山—南涧县庙山—碧溪—公郎—沙乐—景东县安召—迤仓—三岔河—银生城（景东）。

从大理到银生节度最近的地方安召经窝落地—翻越无量山—三七厂（古称迤仓驿）—迤仓—中仓—三岔河—灰窑线，到达景东（古银生城）。

从保甸分两路：北路为安召—安乐—保甸—王家箐（翻越无量山）—绕马路—三岔河—灰窑达景东（银生城）；南路为保甸—林街乡（磨刀河翻越无量山达景东）—景福镇（凤冠山翻越无量山达景东）—小门坎（芹菜塘翻越无量山达景东）—虎山—大驮—镇沅县山街—振太—景谷县抱母井—正兴—达宁洱县磨黑—思茅—江城、澜沧、版纳、易武、越南莱州等地。

安召和保甸在古代是一个非常特殊的地方，是刊木古道上的枢纽驿站。刊木古道有一个很特殊的点，就是"路标"，在沿古道的每个山梁垭口上都种有一棵高大的榕树或菩提树等，即是路标，又是马帮行人歇憩的地方。刊木古道上的古驿站名字内涵丰富，多体现中原文化的渊源，也许是负责修建刊木通道的"总师徒"是大唐人的缘故。

刊木古道沿无量山西坡为主干道，多途经高山密林、江河沟壑众多的山区，古人只能"见山开路，遇水搭桥"。因此被取名"刊木通道"即"刊木古道"，是一条覆盖澜沧江东岸、银生节度管辖地区的古道总称。

那柯里风雨桥

第三章 走进大理州

第一节 刊木古道的起点——大理市

大理古城夜景

太和城遗址位于云南省大理市下关镇太和村，地处下关（南诏时期的龙尾关）至大理之间的苍山佛顶峰麓，南距下关6千米，北与大理古城相隔7千米。这里是大理坝子中苍山与洱海之间陆地距离较短的咽喉要地，是由龙尾关进入大理古城的要道。太和城的"和"，为夷语山坡之意，意思就是筑在山坡上的城。

太和城遗址是唐代云南少数民族地方王国"南诏国"建立后的第一座都城，也是南诏三座都城中城廓保存最为完整的城址之一。从唐开元二十七年（739年）定都于此，大历十四年（779年）迁都羊苴咩城（大理古城），有两位皇帝以此作为都城。南诏于此期间在历史上首次统一了云南，为南诏国、大理国及元明清时期的云南行省直至云南省奠定了地域基础。

1961年3月4日，太和城遗址被中华人民共和国国务院公布为第一批全国重点文物保护单位。

大理太和城遗址位于大理古城以南7千米的太和村西苍山佛顶峰麓。遗址西起佛顶峰，以南延伸至洱滨村，长3350米；以北延伸至洱海岸边，长3225米；一直到明朝后，才逐渐荒废，现在有一些断壁残垣。

太和城曾经是南诏国的都城，公元739年迁都于此，直到779年。作为南诏国都，太和城是南诏前期的政治、经济、文化中心。

大理市是大理白族自治州的首府，地处云南省西部，苍山之麓，洱海之滨，是古代南诏国和大理国的都城，是古代云南地区的政治、经济和文化中心。

大理历史悠久，是云南最早的文化发祥地之一。远在4000多年前，白族、彝族等先民就在这里繁衍生息。在大理也曾出土大批新石器时期的石刀、石斧、石坠、粗陶器等。

公元前221年，秦朝在西南地区建立行政机构，开始中央王朝对大理的统治。西汉武帝时期，张骞出使西域，同时开拓从西南方前往印度的"蜀身毒道"，管辖经营西南边疆地区。

汉武帝元封二年（前109年）在大理地区设置叶榆县，是中原王朝最早在云南设县的地区。

东汉时隶属于永昌郡。三国时臣服于诸葛亮的南征军，设立了蜀汉云南郡。

唐初，洱海周边有6个部落，称为六诏。唐高宗时，蒙舍诏以外的五诏均被吐蕃征服。公元唐开元二十六年（737年），蒙舍诏首领皮逻阁兼并了其他五诏，建立起南诏国。

唐大历年间（779年），皮逻阁之曾孙将都城迁至羊苴咩城，即今大理古城。

唐昭宗天复二年（902年），南诏权臣郑买嗣夺权，建立大长和国。927年，杨干贞扶持赵善政建立大天兴国，随后又自立为王，建大义宁国。后晋天福二年（937年），段思平于羊苴咩城定都建国，国号大理。段氏立国后，大力推行汉文化，并与南宋遣使通商。

崇圣寺大门

　　大理国于公元 1253 年为元世祖忽必烈亲征所灭，历经 316 年。

　　公元 1274 年，元朝为便于统治，设置云南行省，同时设立大理路及太和县，隶属于云南行省。从此云南的中心城市便由大理转移到了昆明。

　　1381 年，明军攻占大理，大理路改为大理府。

　　1659 年，清军攻入云南，清代沿袭明制。

　　清咸丰六年（1856 年）爆发云南回民起义，建立杜文秀穆斯林政权，控制云南大部分地区。

　　中华民国建立后，裁撤大理府，太和县则改名为大理县。1983 年，下关市与大理县合并设立了县级大理市。1982 年，大理被列为第一批 24 个国家历史文化名城之一。大理市为中国首批十大魅力城市之首，是以白族为主体的少数民族聚居区，国土面积 1468 平方千米，全市人口 61 万人，其中白族占 65%。大理市人民政府驻下关镇。名胜古迹有太和城遗址、大理崇圣三塔等。

大理三塔

第二节　走进巍山县

从大理出发，翻越苍山就进入巍山的地界。苍山脚下的永建镇是巍山县的北大门，坐落于巍山坝子的最北端，东西北三面环山，东与大理市凤仪镇毗邻；南与大仓镇接壤；西与巍山县马鞍山乡、紫金乡接壤；北与大理市相连。镇政府驻地北距下关 28.5 千米，南距巍山 24.5 千米。永建镇是著名的国际性河流红河的发源地，红河流经大理、楚雄、玉溪、红河等州市，最终从河口流入越南，终归太平洋的北部湾。永建自古就是一个交通咽喉之地，也是一个古驿站。古代从大理经永建到巍山为一天的路程，马帮需要近 2 天时间。

作者在巍山古城

巍山彝族回族自治县（简称"巍山县"），隶属云南省大理白族自治州，位于云南省西部，县城距州府大理市 53 千米。巍山县北与大理市相连；东与弥渡县毗邻；南面与南涧、凤庆县相邻；西面与漾濞、昌宁县以漾濞江为界。辖 6 乡 4 镇，国土面积 2266 平方千米。

公元前 109 年，汉朝征服古滇国设置益州郡，将势力伸入哀牢国，在哀牢东部设邪龙县，划归益州郡管辖。

69 年，哀牢国归附汉朝，汉朝在其地设置永昌郡。邪龙县由益州郡转划永昌郡。

225 年，蜀汉分建宁、越巂、永昌三郡地置云南郡，邪龙县由永昌郡划入云南郡。

西晋灭蜀汉后，巍山亦属云南郡邪龙县。西晋之后，北方纷争，巍山土司不再臣服任何政权。

738 年，"蒙舍"的哀牢人入主洱海盆地建立"南诏国"。巍山为南诏王室直属的蒙舍赕。

南诏国灭亡后，先后隶属大长和国、大天兴国、大义宁国、大理国的蒙舍赕。

1254 年，元朝灭大理国。巍山属元朝大理万户府。

1343 年，瑞丽江谷盆地崛起的"勐卯弄"（麓川国），巍山被"勐卯弄"的刀斯郎将军占据。

1355 年，"勐卯弄"（麓川国）归附元朝，元朝在其控制区域置平缅宣慰司。巍山属平缅宣慰司蒙舍地。

1382 年，明朝置蒙化州，巍山属蒙化州。

1448 年，升蒙化州为蒙化府。

清朝，沿袭明朝制度，直至光绪二十三年（1897 年）。

中华人民共和国成立后，于 1956 年 11 月成立巍山彝族自治县，1958 年 10 月成立巍山彝族回族自治县。

巍山县境内主要景点有巍宝山道教宫观的古建筑群、巍宝山长春洞古建筑、南诏都城遗址等。巍山是南诏国的龙兴之地，是大理通往昆明、四川的枢纽，也是大理通往银生节度的刊木古道必经之路，是南诏国、大理国的东方门户。

巍山古城

第三节　走进南涧县

南涧县境内的澜沧江大桥

一、南涧县简介

南涧彝族自治县位于云南省西部，大理州南端，地处大理、临沧、普洱三州（市）五县的结合部。初名扑赕（濮赕），唐朝蒙舍诏时，因南涧地处所属政区南部，夹涧水之间，故名南涧。

南涧县东接弥渡；南毗景东县；西望凤庆县；西南邻云县以澜沧江为界；北界巍山县。南涧县辖 5 镇 3 乡，国土面积 1731 平方千米；总人口为 22.3 万人。

公元前 109 年以前，今南涧属哀牢国。

69 年，哀牢国归附汉朝、其地设永昌郡。南涧属永昌郡邪龙县。

225 年，南涧属云南郡。

420 年，东晋灭亡，中国内地王朝放弃云南高原，南涧成为哀牢土目自治领地。

765 年，南诏国设银生节度，南涧属银生节度扑赕（扑赕）。

937 年，大理国沿南诏国旧制在"蒙谷"设银生节度。

1253 年，蒙古国灭大理国。

1256 年，大蒙古国在前威楚府地设威楚万户，南涧属威楚万户欠舍千户。

1275 年，元朝改威楚万户为威楚路、改欠舍千户为镇南州。南涧属镇南州定边县。

1287 年，元朝裁定边县、辖地直属镇南州。

1384 年，明朝在镇南州旧地设镇南州、定边县，皆直属楚雄府，南涧属楚雄府定边县。

1388 年，明朝与"勐卯弄"（麓川国）在定边县发生"定边战役"。"勐卯弄"（麓川国）军队败退后，定边县为明朝军屯重地。

1659 年，清朝沿明朝制度设定边县，上属楚雄府。

1729 年，定边县撤销，辖地东部划入楚雄府、中部划入蒙化府、西部划入顺宁府。

1770 年，蒙化府改为直隶蒙化厅。

1912 年，直隶蒙化厅又改为蒙化府。

1914 年，蒙化府改为蒙化县，下设南涧县佐、浪沧县佐。

1932 年，蒙化县南涧县佐、浪沧县佐撤销，改设蒙化县第四区、第五区、第六区。

1950 年，成立蒙化县人民政府，属大理专区。

1954 年，蒙化县改为巍山县。

1965 年 11 月 27 日，南涧彝族自治县从巍山县划出正式成立。

南涧县旅游资源以自然景观和人文景观为主，主要有无量山国家级自然保护区、灵宝山国家森林公园、庙山、石洞古寺、白云古寺、李文学就义遗址等。

南涧县公郎古镇

二、神秘的庙山

庙山古寨隶属于南涧县乐秋乡乐秋村委会，有两个自然小组，庙山垭口海拔2480米，年平均气温13.3℃，年降水量1076毫米，距离乐秋村委会15千米，距离巍山县20千米左右。

南涧县庙山

庙山是大理州巍山县和南涧县的界山，以山岭为界，位于仓山和无量山之间，最高海拔2505米。站在庙山上眺望远方，东面是朦朦胧胧、层峦叠嶂的无量山；西南面是连绵不断的仓山，巍山古城尽收眼底；北面是稍矮一些的层层群山，山谷间流淌着滔滔澜沧江。

南诏国是一个以彝族为统治阶层，由蒙舍诏统一五诏后而建立起来的王国。巍山古城是蒙舍诏的龙兴之地，庙山成为拱卫蒙舍诏的东北方向要塞，是一个兵家必争之地。南诏国建立后庙山成为一个哨卡，在南诏国开通刊木古道以后，庙山既是哨卡，又是驿站，也是收税的关卡。

庙山原来叫妙山，有"玄而又玄，众妙之门"之意，曼妙俊秀之山，后来因人们在妙山之顶建起道教寺庙，渐渐地人们就把妙山改称庙山。南宋时期，白族首领段思平建立大理国，在大理国推崇佛教的300余年间，全民信教、广建寺院。因庙山作为道教之地被边缘化。南诏国亡国后，原来的统治阶层彝族人从大理逃回到了蒙舍故地，隐居深山，隐姓埋名，依托广袤的无量山、哀牢山、庙山等山区生存，并将之作为族人繁衍生息的地方。他们崇尚从中原传入的道教文化，庙山就成了这一带彝族人的道教圣地，在低调、神秘中隐存。

庙山不仅有道教寺庙，还有观音庙、土地庙、山神庙等。2021年1月2日，我们在巍山古城游览了一圈，就赶往乐秋、碧溪方向，中午饭只吃了几个包子。去庙山的公路很差，一段还是土路，有个村子叫倒马坎，一听这名字，就知道应有特殊来历，但没时间细究。到庙山已经是下午3点多，车停在路边的一棵巨型椎栗树下。在原准备的路线上本没有庙山，我们用百度导航而行，专找直路、小路走，能到达庙山是偶然也是必然。在这棵椎栗树对面的公路上方，有几间低矮破旧的石棉瓦房围成一个四合小院，我们在路边拍照，几个上年纪的大姐、阿姨很热情地打招呼，邀请我们到小院里坐。我先独自进了院子，有近二十人正准备吃饭，一问才知道今天是在赶庙会。这里是个观音庙，正屋里安放着观音菩萨等塑像，满院都是香火燃烧弥漫的氛香，"老斋奶"在喃喃自语的念经。地上摆放着酒肉等，盛情难却加之有些饥饿，我们就一起用了餐。在得知我们此行目的后，乡亲们都说让我们多给予宣传，挖掘一下这里的文化。负责庙山旅游的李忠武更是热情地介绍情况，我们加了微信，他再三叮嘱文章写好一定要发给他，反复邀请我们留宿他家，但因时间关系我们拍完照还要赶路，说好下次一定再去。

南涧县庙山

庙山森林植被很好，树种主要是椎栗树，漫山遍野都是，但这里的椎栗树高大无比，有的要七八个人才围得过来，上千年树龄的居多。当地人把椎栗树当作神树。传说当年南诏国皇族的一支在亡国后逃往这里避难，以拾山中椎栗果为食，用椎栗果酿酒，族人们把椎栗树作为神树加以保护。漫山成林的椎栗树每年为村民提供大量的野果子，世代相传，人与自然和谐相处，相互依存。

庙山的山顶上生长着漫山遍野的马缨花树，树杆虽没有椎栗树高大挺拔，但也有几米、十几米高。在每年春天马缨花盛开时，一簇簇各种颜色的马缨花绽放着，有鲜红如血的，有洁白如雪的，也有粉色的，最多的要属红色的马缨花。庙山被各色马缨花所包裹着，各种鸟儿在树枝上惬意地飞舞寻欢，小蜜蜂来回不停地在采马缨花蜜汁，给往日沉寂的大山带来无限的生机。庙山上的马缨花总面积有千余亩，依然保留着自然原始的生态环境。

在椎栗树和马缨花的生长线下，村子的周边，还有一片近千亩的天然草场，虽没有内蒙草原的平坦与辽阔，但在这山峦之中还保留着这样一片高山牧场，真是上天的恩赐，也是历史的偶然。因是冬天，牧场的草只留下薄薄的一层草根，也许是时间的关系，牧场里没看见骡马牛羊。我站在山坡的牧场上，瞭望远方，是蓝天白云，倏尔思绪有些惆怅，畅想着千年的沧桑。这里是"刊木古道上的第一关"，有千年古战场，将士们曾在这里飞马厮杀，血红的马缨花像在见证着曾经的血染沙场。行走在古道上的马帮在此解鞍歇马，马放南山，马锅头在椎栗树下生火做饭，年轻的赶马阿哥躺在斜坡的草地上，吹着口哨，回望百里青山，崎岖山路留下无数的足迹，短暂的歇息，思念着远方的爹娘和那刚过门的新娘。

相传在元末明初，因战乱在庙山垭口的老哨防设卡驻军，来自南京柳树湾大石板村的李明将军和普拉宝将军一同在此屯兵守卫。后来李、普二位将军就长期驻守此地，去世后埋葬于庙山上，其后人就定居庙山一组、二组两个古寨，所以现在这里居住的村民以李姓、普姓居多。庙山旅游资源丰富，有"刊木古道上的第一关"，有千年古战场遗址，有千亩马缨花和千亩放马场，是个发展潜力无限的地方。

作者和李忠武在庙山合影

三、情系罗伯克

从庙山到乐秋乡，虽只有 20 多千米的路程，但路特别狭窄弯曲，平时往来的车辆也较少，我们的车行了近 1 个小时，这天巧遇乐秋街赶集，体验了一会儿当地赶集的风俗和物资交易情况，再赶往碧溪乡，也就结束一天的考察。我们这次对刊木古道的探寻只是抛砖引玉，更多的历史文化需要更多的人们去发现。

"刊木古道"以大理的太和村为起点：太和—永建—巍山—南涧县庙山—乐秋街—碧溪—公郎—沙乐—景东县安召—安乐—保甸……的这条南诏国道。地名中"乐"字出现频率较高，我的解释是"乐"源于"倮"，南诏国的一个彝族支系称"倮㑩蛮"，后来也叫"倮倮族"。近代叫"倮倮"有点贬义，是落后、野蛮的意思，所以人们就把"倮"改"乐"，乐秋、沙乐、安乐都是古代"倮倮族"部落居住的地方。

罗伯克茶厂

"碧溪"这一名字非常有诗意，大理州南涧县有个碧溪乡，普洱市墨江县也有一个碧溪镇，都建在古代交通要道上。"碧溪"是指绿色的溪流。唐·李白《行路难》诗有："闲来垂钓碧溪上，忽复乘舟梦日边。"唐·杜甫《园》诗云："碧溪摇艇阔，朱果烂枝繁。"宋·苏轼《虔州八境图》诗咏："薄暮渔樵人去尽，碧溪青嶂绕螺亭。"

此行时间紧没能在乐秋乡、碧溪乡发现更多的东西，一早在茶友杨绍伟的陪同下前往罗伯克茶厂及罗伯克村。他常住普洱，但老家在罗伯克村，把老宅改造成茶叶初制所，主要生产经营罗伯克村的晒红茶，因我们此行专门从普洱赶回来迎接我们。

罗伯克自然村隶属于公郎镇凤岭行政村，距离凤岭村委会 1 千米，距离公郎镇 3 千米，曾经是刊木古道上一个默默无闻的寨子，因为罗伯克茶场而提高了古寨的知名度。

南涧罗伯克茶场是大理州的知名茶企业，创建于 1964 年，属村集体茶场，茶树品种为云南大叶种的群体品种。茶场经历了近 60 年的发展，几代人的辛勤劳作，现变得越来越好，成了当地明星企业。

罗伯克茶场由南涧县公郎镇管辖，位于北回归线附近，属无量山系，地处注入澜沧江的罗伯克河畔。距南涧县城 60 千米，海拔 1700～1800 米，气候温和，湿润多雾，年平均降雨量达 1000～1300 毫米。土壤为棕色酸性土壤，富含丰富的有机质，土壤肥沃。茶园被森林环抱着，生态环境优良，茶园中保留有大量原生的冬瓜树，也种植了不少冬樱花树。茶园形成"雾锁茶山，林茶共生，花语鸟香"之美景，吸引四方来客，成了当地的茶旅融合发展的排头兵、践行者。

碧溪风光

1981 年茶场进行承包经营责任制改革，1982 年由李正林担任场长至今。1936 年出生的李正林，把青春和汗水倾注给这片如画般的茶山，以"茶场 + 基地 + 党支部 + 合作社 + 茶农"的经营模式，带动周边茶农脱贫致富，带动地方经济发展。他先后荣获云南省第十八届劳动模范、全国首届道德模范提名奖、云南省道德模范等荣誉。

原本计划拜访一下李老前辈，但路途时间有变没有见到李老，十分遗憾。我们到茶场时李老在外出差，他原准备了茶场的彝族跳菜歌舞表演来迎接我们，现他只能电话通知让场里的同志给我们冲泡了一壶上好的罗伯克绿茶。一杯香茗留真情，下次一定专程前往拜访。参观完罗伯克茶场，到了罗伯克古寨杨绍伟家的初制所，喝了一盅鲜香甘甜的晒红茶。我作为"晒红茶国家发明专利"及晒红茶首倡者，有幸入选云南省高层次人才的"首席技师"，云南省人社厅颁发了"包忠华首席技师工作室"之后，杨绍伟成了我的首批徒弟之一，也算是首次亲临指导。

四、公郎实在美

参观完罗伯克到了公郎镇。公郎镇隶属南涧彝族自治县，地处南涧县西南部，是一个历史、文化、区位很特殊的地方。

公元 765 年，南诏国设银生节度，南涧公郎属银生节度的扑赕（扑败）。公郎古称浪沧，意为地处江水波浪的澜沧江畔。公元 1384 年，南涧属楚雄府定边县。公元 1729 年，定边县撤销，公郎等地划入蒙化府（巍山）。1914 年，蒙化府改为蒙化县，下设南涧县佐、浪沧县佐。

公郎

浪沧（公郎）是古代刊木古道上的重要驿站，自古就是交通咽喉，经济文化比较发达。明朝中期在今天的公郎镇所在地设"浪沧巡检司"，由蒙化府辖。清雍正七年（1729 年），终止了定边县，设南涧、澜沧江巡检司，属景东辖。民国三年（1914 年），南涧巡检司，澜沧江巡检司改设分县，即南涧分县（治在南涧）、澜沧分县（治在公郎），下设乡、闾，属蒙化县辖。民国二十一年（1932 年）年，废南涧、澜沧分县置区，民国二十九年（1940 年）废区设浪沧镇。1958 年设公郎公社，1963 年改浪沧区，1969 年改公社，1984 年复设区，1988 年改乡。2000 年，经云南省人民政府批准，撤销浪沧乡，成立公郎镇。 2005 年，撤销沙乐乡，并入公郎镇。

公郎镇全镇有 14 个村委会，与无量山镇、小湾东镇、宝华镇、碧溪乡、拥翠乡接壤，与临沧市的云县、凤庆县毗邻，与普洱市的景东县相连。国土面积 277 平方千米，最高海拔 2810 米，最低海拔 994 米。镇政府驻地公郎街，距县城 41 千米。

公郎镇在南诏国、大理国时期就是交通枢纽，商贸发达的要冲，因其特殊的区位才能在明代设巡检司。巡检司始于五代，盛于唐宋，在元、明、清时为县级衙门下的基层组织，也有军事的功能性。朱元璋曾敕谕天下巡检说："朕设巡检于关津，扼要道，察奸伪，期在士民乐业，商旅无艰。"（《明太祖实录》卷130）万历《大明会典》载："关津，巡检司提督盘诘之事，国初设制甚严。"所以在关津、要冲之处设置巡检司，盘查过往行人，缉拿奸细、截获脱逃军人及囚犯，打击走私，维护正常的商旅往来等是古代设置巡检司的主要目的。

公郎聚居有汉、彝、回、白、苗、布朗等13个民族，少数民族人口占68%。彝族，称谓有黑彝、白彝、保保、白保保、黑保保、土族、香堂、腊罗拨、迷撒拨、密岔、额尼拨等，分属于"额尼拨"和"腊罗拨"两个支系。在公郎的龙凤山上有玉皇阁、观音殿、土主庙等。

回族是公郎镇的主要民族之一，据《蒙化府志》载：元代已有回族的先民入籍公郎，擅长于商业经营的回族同胞助推公郎自古就成为商贸重镇。如今的公郎古镇依然完整保留着古代回族民居的特色，村寨布局尚显古代军防功能，坐落地势较高，房墙多半用石块高筑，村中的通道大多铺弹石，户户相通，寨寨相连，村中巷深拐直交错。村寨最高处是非常壮观的礼拜寺，从古至今都是这里的地标。

公郎古镇

公郎狗街

五、"狗街"——落底河

落底河村隶属南涧县公郎镇，地处公郎镇南边，澜沧江畔，距镇政府所在地14千米，距县城76千米。东邻沙乐村委会，南邻云县，西邻板桥村委会，北邻自强村委会。落底河村有狗街、寒铁、阿嘎等6个村民小组，178户746人，其中布朗族106户505人，少数民族占总人口的96.8%，是布朗族在大理州的聚居地。面积31.6平方千米，海拔980～1700米，年平均气温18℃，年降水量1100毫米，最低海拔994米。落底河交通方便，祥临二级公路从村边穿过。

从无量山上汇集而成的落底河是公郎镇的主要河流，落底河全长30余千米，属无量山注入澜沧江较大的支流。大理州南涧县和临沧市云县以澜沧江中心线为界。落底河注入澜沧江后，原本湍急的江水变得平缓，江对岸的云县地界上形成一个有几百亩面积的平坝，叫昔宜村，也叫昔宜古渡。

横断山脉是中国最长、最宽和最典型的南北向的山脉，是中国唯一兼有太平洋和印度洋水系的地区。位于青藏高原东南部，通常为四川、云南两省西部和西藏自治区东部南北向山脉的总称。因"横断"东西间交通而得名。其范围东起邛崃山，西抵伯舒拉岭，北界位于昌都、甘孜至马尔康一线，南界抵达中缅边境的山区。无量山、澜沧江属横断山脉的山河。发源于无量山的数十条大河虽然径流量不大，但落差较大，亿万年来由于地质的变动，雨季河水裹挟的沙、石被冲入澜沧江，沉积在大河入口的澜沧江上，使江水的激流变缓，江面变开阔，有利于摆渡划船，所以在澜沧江上较大的河水入口的江段，一般都会形成渡口。

落底河的狗街是个江边自然村，是古代"刊木古道"的一个古驿站，也是一个古渡口。因四面八方往来的人流多，每逢十二属中属狗这天都要在这里赶集，人们就把这地方叫"狗街"。今天的狗街是一个以布朗族文化为主的主题乡村公园，有浓郁的民族风情，也保留了古道文化遗迹。

狗街是个三岔路的要冲，是个"一夫当关万夫莫开"的地方，三面是高耸入云的高山，一面临江，山谷间流出的公郎河和落底河在狗街相交汇，汇合后的河水变得较大，大约0.5千米后才注入澜沧江。三条古道在狗街分叉，一条沿着公郎河而上经过公郎古镇达大理；一条过了落底河顺山经沙乐、官地达普洱市、版纳州等地；另一条沿着落底河左岸行走500米路，到达云县的昔宜村对岸。这里过去是一个非常重要的渡口，南涧人称"狗街渡"，云县人称"昔宜渡"，因昔宜的区位更好，名字也好听，后来都统一叫"昔宜渡"，用木船渡过江后主要通往云县、凤庆县、临翔区等。

昔宜渡与上游的神舟渡相距30余千米，与下游的羊街渡相距近40千米、忙怀渡相距约60千米、昔归渡相距约200千米，这些都是刊木古道上的知名渡口。澜沧江上与刊木古道相通的渡口有数十个，需要大量的木材来造船，这也是在《南诏德化碑》"十一年冬，亲与寮佐兼总师徒，刊木通道，造舟为梁"中对造舟为梁最好的解释。

昔宜澜沧江大桥

澜沧江晨雾

六、皇族官员的封地——官地村

官地村委会隶属于公郎镇，位于公郎镇东南边，距离公郎镇 61 千米，距离南涧 70 余千米，官地自然村为官地村委会所在地。海拔 1850 米，年平均气温 14 ℃。在刊木古道上，与普洱市的安召村相连。

据南诏国史料记载："南诏国对臣下实行分封授田制度。清平官以下的官员都分予田地，上官授田十双，相当于汉制半顷；上户授田三十双，相当于汉制一顷五十亩。中户、下户各有差降。得到分田的官员或人户，除下户可能自耕外，都把田交给'佃人'耕种，每一佃人所佃租耕种的田地多少不等。"

相传，一年大理国皇帝巡视银生节度府（景东县城），骑马走刊木古道，皇帝信佛专门亲临一趟灵宝山，无量山上的灵宝山距离官地只需要 1 个多时辰。晚上下榻安召驿站，晚上做梦，梦见两条龙从灵宝山顺河下来到了安召这个地方，发出万道光芒。第二天一早，皇帝将昨晚所做的梦告诉随行的风水官，风水官看到高耸的无量山，两支山梁犹如两条巨龙蜿蜒而下，两条河水相交于安召，到这里形成一个平地。就告诉皇帝："这里风水极佳，将会出强人，建议把这个地方封给皇族的地方官，可以让当地人种地，但风水最好的龙穴之地不准埋葬逝者，以免后世出控制不住的人。"后来就把这个地方称官地，现在成了官地村委会。

　　灵宝山又名太平山，位于无量山的南涧县地界，距离南涧县城 56 千米左右，海拔 2528 米。灵宝山藏在茫茫的原始森林中，山形奇异，远眺似个"睡佛"，让人顿生虔诚之心，在当地颇负盛名。灵宝山上还保存着宋代大理国时期的石建筑群，石建筑群大小不一，方位不同，有老君殿、无量殿、灵宝殿、阿鲁腊大殿等十余座庙宇，是一个佛教、道教双修的名山。所有建筑均用石料砌筑而成，建筑精巧，典雅古朴。屋内石柱、石坊、石雕、石佛、石香炉、石供品、石装饰等，惟妙惟肖，栩栩如生，如同鬼斧神工之笔。

　　灵宝山如今已建成灵宝山国家森林公园，公园内有林海、云海、各种珍稀动植物等自然景观。灵宝山以特有灵气，吸引四方的游客前来观光览胜，寻幽探古。每年农历三月二十日的灵宝山山会，周边各县百姓纷纷前来朝拜，烧香祈福、打歌对调、农特产品销售等热闹非凡。

官地村

第四节　澜沧江上最美的古渡——昔宜

昔宜古渡口

　　昔宜村位于临沧市云县的北部，祥临二级公路上澜沧江大桥一头连接昔宜村，另一头连接狗街，成为内地通往临沧的咽喉要道，被誉为"临沧第一村"。

　　"昔"字的甲骨文中解释为用过去发大水的日子来表示"过去""从前"的概念，因而"昔"也由此引申出"长久""永远"之义；"宜"就是让人感到舒服安适，"宜，所安也。"所以我对昔宜的地名解释为"永远好在的地方"。

昔宜风光

　　古代的昔宜渡口是个渔村，也是澜沧江边数十千米范围内最大的"坝子"，面积有几百亩。南诏国在开凿修建刊木古道时，因总师徒（总指挥）是大唐投诚过来的官员，对大唐具有浓浓的乡情，所以沿途所设的驿站、渡口的名字都具有中原儒家文化的色彩，也许是一种寄托、一种赎罪补偿。

　　昔宜村距离云县漫湾镇镇政府所在地38千米，全村共有26个村民小组，842户农户，3779人，以彝族、布朗族、傣族等为主，是漫湾电站库区移民后期扶持的重点村。从最低海拔 994 米的沿江一线，向山区延伸，最高海拔 2850 米，区域内气候条件好，全年平均气温 25℃，降水丰沛。漫步在江边，欣赏着村里人钓鱼收网，远处慕名而来的垂钓者悠闲垂钓，怡然自得。选一家酒楼来一顿酸菜鱼、木瓜鸡，让你永远回味，还想再来。

2019 年 12 月 31 日，昔宜村入选第二批国家森林乡村名单。昔宜村地理位置优越，祥临二级公路横穿而过。澜沧江大桥跨越南北，大桥全长 716 米，宽 11.4 米，最高塔顶距离水面 150 米，桥刚建好时是国内首座钢筋混凝土叠合梁悬索桥，也是云南省跨度最大的悬索桥。建设者独具匠心，在桥头的观景区修建体现了大理和临沧地域文化的雕塑，造江桥的同时也造就了一个大公园，远远望去犹如一条彩带斜跨澜沧江，有"高峡飞虹"的美誉，给澜沧江百里长湖增添一道风景线。

江面上碧波涟漪，往来航行的大船取代了曾经的小木船，让人们去遐想千年前古渡上的模样；江边的小渔村成了江岸上的客栈，游动的白云不时遮住骄阳，两岸高大的青山相争媲美；柔细的沙滩让人们享受暖阳。昔宜由江水、沙滩、彩桥、航船、白云、青山、民居、游客等相映组成一幅超级水墨画，这是澜沧江上最美的江桥和渡口。

昔宜大桥

第四章　刊木古道在普洱

第一节　走进景东

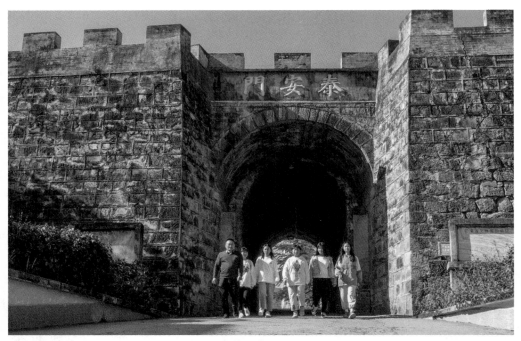

景东一中古城门

一、景东简介

景东古称"猛谷"，"景东"系傣语转音，意为"猛谷坝子中的城"。秦以前景东均属西南夷地。

西汉元封二年（109 年）以前，为哀牢国属地。东汉永平十二年（69 年），哀牢国归附汉朝，设永昌郡。今景东县境属永昌郡。

三国诸葛亮南征之后，建立南中七郡，景东属永昌郡。

西晋泰始七年（271 年），西晋将建宁、兴古、云南、永昌四郡合置宁州。景东县境仍属云南郡。

东晋元熙二年（420 年），东晋灭亡，中国内地王朝放弃云南高原。景东县境

景东一中古城门

景东老街一角

成为傣族土目自治领地。

南诏赞普钟十四年（765年），南诏国在勐谷设银生节度，并设银生城和开南城。

大理天授元年（1096年），大理国废节度、都督等，设八府、四郡、四镇；景东县属威楚府当箸赕。

景定三年（1262年），勐谷傣族土司归附威楚万户。至元十二年（1275年），景东县境属威楚路开南州。至顺二年（1331年），元朝将威楚路所辖开南州、威远州析置景东军民府开南州。

至正三年（1343年），瑞丽江河谷盆地崛起的麓川国击败元军，勐谷傣族土司（景东军民府土知府）归附勐卯弄。至正十五年（1355年），麓川国归附元朝，设平缅宣慰司。景东县境属平缅宣慰司"勐谷"地。

明洪武十五年（1382年），勐谷傣族土司俄陶归附明朝，其地分设景东州、顺宁州、威远州等。后景东县境属麓川平缅宣慰司。建文元年（1399年），麓川平缅宣慰使思伦法去世，猛谷傣族土司脱离麓川平缅宣慰司，明朝复设景东府。

清，云南恢复行省名称，景东府隶于云南行省。康熙四年（1665年）实行改土归流，景东府设流官掌印同知。康熙九年（1670年），清朝在行省之下设道，景东府属永昌守备道（后改迤西道）。乾隆三十五年（1770年），景东府改为景东厅。

民国二年（1913年），民国政府改景东厅为景东县，属滇西道（后改腾越道）。

民国四年（1915年），景东县改属普洱道。

民国十六年（1927年），废道，改普洱道为第二殖边督办公署，景东仍属其所辖。尔后，普洱第二殖边公署改为普洱第四行政督察专员公署，依辖景东。

1950 年，景东县成立人民政府，属普洱专区。

1955 年，专区政府所在地迁至思茅，后改称思茅行政专员公署，景东仍属其所辖。

1985 年 12 月，撤销景东县，成立景东彝族自治县，属思茅地区。

2004 年，撤销思茅地区，设地级思茅市，景东彝族自治县属思茅市。

2007 年，思茅市更名为普洱市，景东彝族自治县属普洱市。县辖 10 个镇和 3 个乡，县政府驻锦屏镇。

景东彝族自治县位于云南省西南中部、普洱市北端，东与南华县、楚雄市、双柏县接壤，南与镇沅彝族哈尼族拉祜族自治县相依，西同云县隔澜沧江相望，北和南涧彝族自治县、弥渡县相连。东西宽 61 千米，南北长 73 千米，国土面积 4532 平方千米。县城距省会昆明市 477 千米，距普洱市驻地 279 千米。

景东县位于横断山脉南端，主要山脉属云岭南北走向的无量山系和哀牢山系，地形北窄南阔，属亚热带季风型气候，年平均气温 18.3℃，年均降雨量 1086 毫米；境内最高海拔（猫头山）3371 米，最低海拔（文笑河口）795 米；众多的河流分别注入澜沧江水系和红河水系；境内有无量山、哀牢山两个国家级自然保护区和漫湾、大朝山两个百万千瓦级大型水电站。辖 13 个乡（镇），166 个村民委员会、4 个社区，2363 个村民小组。2020 年有人口 37.7 万人。境内居住着汉族、彝族、哈尼族、瑶族、傣族、回族等 26 种民族，少数民族人口 18.6 万人，占总人口的 49.3%，彝族人口占总人口的 42.9%，是云南省 6 个单一彝族自治县之一。

景东文庙一角

景东开南书院

二、安召——银生节度的第一古驿站

安召村

景东县漫湾镇安召村委会与南涧县公郎镇官地村相连，仅一条小河相隔。安召老街是个古驿站，也是刊木古道进入古银生节度的第一站。安召村地处景东漫湾镇北边，距镇政府所在地33千米，距景东县城104千米。东邻大理州南涧县官地村，南邻温竹村，西邻五里村，北以澜沧江为界邻临沧市云县，地处国家级自然保护区无量山边缘。全村国土面积9.9平方千米，村委会驻地海拔1750米，年平均气温17℃，年降水量1280毫米。辖滴水箐、大村、湾子、酸荞地、上中山等16个村民小组。

安召这个名字有些文化底蕴。相传刊木古道开通后，这里成为朝廷的重要驿站，每天行人马帮吃住在这里，使这个山洼小寨显得很是喧闹、繁华。当初修建刊木古道时的"总师徒"沿途命名了安召（安诏）驿站、安定驿站、安乐（安倮）驿站、保甸驿站、古里驿站、大驮驿站、振太驿站等，一定有其特殊意义（在我的书中，对很多地名的解释，与1984年出版的《景东彝族自治县地名志》的解释大多都不同）。

安召又称安诏，也叫阿召，安是人们追求长治久安之意，当时唐朝的国都是长安；召同"诏"，为南诏国之国道、领土之意。所以我对安召的解释为"心系长安，愿为长治久安的南诏国之地"。

历史上公郎属于银生节度，安召河（温东河）成了公郎巡检司和保甸巡检司的界河。

安召古驿站有四条古道在这里延伸：安召连公郎、大理的主干道；安召翻越无量山连南涧、楚雄、昆明；安召翻越无量山经迤仓达景东（古银生城）；安召沿无量山主干道连景谷县、宁洱县、西双版纳等地。所以安召是个一地通四方的咽喉要道。

20世纪80年代因为修建漫湾电站，"景云桥"被淹没。214国道改道翻越无量山，从安召村的后山而过，经过安召村的路段近20千米，海拔在1900~2300

米,安召村的村民很多都搬迁到公路沿线开馆子、开旅店等。曾经的214国道是昆明通往临沧市的主要公路,车辆非常拥堵。2012年祥临二级路通车后,无量山上的214国道变得比较冷清。智慧的安召人利用无量山"天然冰箱"的气候优势,腌制火腿成为当地特色产业。当你开车路过无量山214国道的安召段时,可看到近百家专门腌制火腿的农户楼上楼下挂满了火腿,组成一道独特的风景线。

安召村委会叶栋录主任特地让我对下一步安召村的产业、旅游文化建设给予参谋,我给他提了三个建议:

第一是大理到临沧的高速公路将开始建设,安召留有一个高速路的收费站,将为安召带来千载难逢的机遇。

第二是村委会要加强对安召无量山火腿的科学监管,成立合作社,统一品牌,出台一套安召村"无量山火腿生产企业标准", 统一供应专用食盐。建议与宁洱磨黑盐矿合作,将生产的传统锅盐作为无量山火腿专用盐。磨黑盐矿在南诏国、大理国时就属皇家盐井,也是历史上腌制火腿的最佳食盐。对猪肉的选择、腌制的工艺、年份火腿的存放、统一价格体系的营销等进行规划,使用"火腿溯源"的二维码追溯体系,使无量山火腿成为云南乃至全国的知名火腿。

第三是安召村要结合国家乡村振兴的政策,对两条小河进行河道整治与景观相结合的项目申报,进行古村落的保护,恢复一段石板路、木桥等刊木古道的文化主题公园。在小河两岸种植山茶花等当地树种,利用河水恢复水碾子,用于碾碎锅盐,如此既有适用性,又有观赏性。把安召村建设成为一个历史悠久的文化古寨,小桥流水的花果山村,四面环山的世外桃源。

安召村

三、迤仓的千年沧桑历史

刊木古道的主干道来到安召驿站后分为多条，其中一条"安银古道"，路线为：安召—滴水箐—无量山垭口—迤仓驿站（三七场）—迤仓—河底—三岔河—灰窑—银生城（景东）。

迤仓是银生节度府与南诏国、大理国往来的主要节点之一，是个古驿站、古粮仓，名字的来历也意义深刻。迤字表示从某一方向的延伸，逶迤指道路、山脉、河流等弯曲延绵不绝的样子，迤逦指曲折连绵；仓指粮仓。我对迤仓的解释为"设在那道路崎岖而又遥远的粮仓"。 景东县安定乡的迤仓、中仓、外仓三个村委会，人们习惯将"迤仓"称为"老仓"，位于无量山腹地，自古就是彝族人繁衍生息的地方，这里土地肥沃，农耕文化比较发达，因盛产粮食而成为古代的粮仓。

迤仓古驿站

刊木古道从安召古驿站翻越无量山垭口有近 20 千米的路程，海拔从 1750 米上升到 2560 米的垭口；从三岔河古驿站海拔 1372 米爬升到无量山垭口也有 20 多千米的路程。这两段路是刊木古道翻越无量山较艰难的路程。在距离垭口不到 500 米的地方，海拔 2390 米左右，选择一个向阳面而又比较平缓地方，设官府驿站，因建在迤仓地界就称"迤仓驿站"。

迤仓驿站的建设依山就势，就地取材，用石块垒墙、石片作瓦、石条作梁、石板作篱笆。因无量山有虎豹出没，马圈也用石头墙围起来，房子虽小，一排排的像一个古城堡。早上，太阳从东方升起，马帮各自吃些简单的饭菜就启程，走向不同的地方。下午又有不同的马帮在此落脚，天黑前在山坡上放一会儿马。夕阳西下，放眼望去，茫茫的无量山，只有这驿站的石房子里升起几股炊烟，是马帮在做晚饭。骡马在草地里打滚，摩擦背部的瘙痒，解除一天的疲劳，也有发情的母马借此调情配种。晚上，石房里传出委婉的调子声，来自四方的人们用不同的方言对唱着，有赶马调、相亲调、隔娘调等。这就是古时一天的生活。

几百年后曾经的大理都城沉寂了，马帮的线路改变了，这里没有了曾经的喧闹，几代都在这里开驿站的人们渐渐离开这里，深山中的古道越来越荒凉，偶尔会有一队人马通过。20 世纪 60 年代，安定区在这古遗迹附近试种三七，那些倒塌的石房子整修后作为职工住房，人们就把这个地方称作三七场。三七试种几年后没有成功，后来又办迤仓村集体茶场，种植茶叶。后来茶地分给当地茶农，迤仓古驿站石房子就成了茶农的羊圈和采茶时的临时住房。

石房子一角

生活在迤仓、中仓、外仓等地的彝族人民勤劳善良又极具智慧，几千年前把这里的缓坡开垦为平整的台地，种植各种粮食作物，在地埂上种植茶树，形成特殊的地埂茶，如今的老仓古茶山成为当地知名的古茶山。迤仓村现如今还保留"茶神庙"等遗址，迤仓已经列入云南省第一批古茶山周边村庄规划试点。无量山上天气寒冷，彝族人用羊皮和各种兽皮缝制成衣裳，他们还种植一种棕榈树，用棕皮缝制成蓑衣，并将民族文化习俗代代相传，形成独具地方特色的"三跺脚""羊皮舞""跳菜"等民间歌舞节目。今天难以寻觅到古道的痕迹，只有千年的古堡遗迹隐藏在杂草中，没有欢声笑语，没有寂寞哭啼，只有默默地等待着。

迤仓古驿站遗址是上苍留给景东人民的一块宝地，有深邃的历史故事，有千年的古堡遗址，有一望无际的原始森林，有各种美丽小鸟。春天有山花浪漫，夏天有野果漫山，秋天有丰收景象，冬天有云海奇观。在国家乡村振兴发展地方旅游经济的背景下，可发挥较大作用。这里或许可以修建一个高耸的瞭望塔，当下最流行的"半山酒店"也许是个不错的选择。

四、"仙境"之地黄草岭

黄草岭位于景东县锦屏镇西侧，辖蒿子林、竹叶坪、大垭口、石房箐、沟迤边5个村民小组，610余人。全村居住在海拔2000～2500米之间，其中村委会海拔2200米，属景东县居住海拔最高的村寨。这里年平均降水量1600毫米，属景东县降水量最多的地方。黄草岭四面被无量山环抱着，后山的猫头山海拔3306米，为无量山的第二高峰，第一高峰为笔架山，海拔3376米。

黄草岭风光

黄草岭早期是否有人居住难以考证，只是刊木古道从景福乡的凤冠山翻越无量山，经过黄草岭、御笔山可达古银生城（景东）。居住在黄草岭的村民是清代中晚期从四川、云南昭通等地迁入，今天依然保留着四川的口音，他们从祖地带来先进的农耕文化、饮食文化、商业意识等。

黄草岭村民在后山发现可加工为石板的岩石矿，建筑也就地取材，用一般的石块来砌墙，用这种薄薄的规则石片为房瓦。当无量山其他地方还在盖茅草房和栅片房时，黄草岭已经居住上冬暖夏凉的石板房。当其他地方开始流行青瓦房和洋楼别墅时，这里还是坚守着传统的石板房。当这种"坚守"成为一种建筑风格、一种文化符号、一种稀有资源时，黄草岭已经蝶变升华。

在景东县城的赶集天，有一条街叫黄草岭街，一年四季里都有黄草岭各种特色产品上市，

黄草岭风光

有花椒、草果、核桃、樱桃、桃、梨、石斛、刺包菜、雪莲、鸡、火腿、山羊、蜂蜜等生态优质商品，形成景东城集市的一道风景，让人产生一种强烈的购买欲望。黄草岭早在20年前人均收入就过万元，成为景东第一批脱贫奔小康的高寒山区村。

　　黄草岭成为景东县知名的乡村旅游地，有大自然的馈赠，更因有人为的智慧成果而相得益彰，充分展现了人与自然的和谐。一年四季里春可赏花、夏可避暑、秋可品果、冬可观雪。在各种花果映衬下古朴的石板房成为一种艺术品，在这里，你可以欣赏着笔架山、猫头山的雄姿；品尝着地道的农家饭、包谷酒；采摘着自己满意的水果、蔬菜；聆听着黑冠长臂猿的天籁之音；感受着仙境般的世外桃源。黄草岭村2013年入选第二批中国传统村落名录；2019年入选国家林业和草原局第二批国家森林乡村名录。

黄草岭石板房

五、菊河之美

菊河风光

菊河发源于猫头山东侧的脚毛草地，流经锦屏镇的黄草岭、新民村，在景川村县城三弦广场注入川河，成为国际知名河流"红河"的一分子。菊河全长20余千米，史称通化河，清代改为菊河。通化河改称菊河的原因，相传：清代中晚期景东县城风雅之士颇多，通化河成为文人墨客们爬山涉水、游览观景、吟诗作对的好地方。当人们在河边的"菊园"里饮酒赋诗时，寄情于东晋田园诗人陶渊明的《饮酒·其五》的意境："结庐在人境，而无车马喧。问君何能尔？心远地自偏。采菊东篱下，悠然见南山。山气日夕佳，飞鸟相与还。此中有真意，欲辨已忘言。"觉得通化河这个名字历史感太浓，改称"菊河"更符合此情此景。

菊河流经黄草岭村范围的上游河段，河水流淌在原始森林与村寨之间，一山一溪流，清澈、婉转、幽静，宛如一个淑女，孕育了菊河水的清冽与甘甜。

菊河在新民村范围的中游河段，河水坠入两岸峡谷之间，因河水高落差的冲刷下，时而瀑布高悬，时而水花四溅，像一个莽撞的小伙横冲直撞，使河中怪石林立，悬崖峭壁，让人难于攀爬，显得危险与神秘。其实这一段才是菊河最具魅力的地方，也是无量山旅游未开发的一块处女地：这里距离景东县城只有15千米，交通条件较好，到景区只需新修公路2千米左右；这里是拍摄无量山风光的最佳位置，人们把这里奇特的山峰起名"伟人峰"；河对岸的悬崖有百米高，为无量山最美、最险要的地方之一，可作悬崖栈道；这里涉及村民很少，是无量山风景区可以收门票的极少地方之一；可结合金庸《天龙八部》的一些描述，打造"世外高人"居住的仙境。

菊河在景川村范围的下游河段，河道变得开阔平缓，流水温婉而轻灵。河两岸的农田、村庄构成一幅秀美的田园风光。河里彩石斑斓，流水在阳光下变换着色彩，像一个清纯的少女，舞动着曼妙轻柔的身姿，淌入城中，使景东城增添了灵气和魅力。因此景东菊河获评云南省"2020年省级美丽河湖"之一。

六、南诏皇家茶园——班崴五棵桩

在 2013 年前知道班崴的人不多，我因为撰稿、拍摄《走进茶树王国》的纪录片而有幸发现并挖掘了五棵桩、菜子地、邓家等古茶园，梳理了班崴的历史文化，从此班崴声名鹊起，得到社会各界关注。2014 年政府修通了从景东县城到班崴垭口 8 千米多的四级公路，班崴成了景东县城边的一个原始森林和茶山主题公园。

五棵桩茶园开采仪式

五棵桩古茶园位于无量山深山中，除茶园外四周都是国家级自然保护区。班崴小组属于景东县锦屏镇山冲村委会，到五棵桩沿着文果河走一段后再爬山，全程需行走近 2 个小时。这里曾经有一条南诏国时期开通的"勐银古道"，是多条翻越无量山的刊木古道中最难走的一条，从景福镇的勐令街翻越无量山，沿着文果河而下，经过班崴到达银生城（景东县城）。五棵桩茶园海拔在 1960～2150 米间，距离菜籽地古茶园 4 千米，距离邓家古茶园 3 千米，距离班崴古茶园 8 千米，面积 200 多亩。最早种茶历史可追溯到 1200 年前的南诏国时期。

唐贞元十年（794 年）唐王朝与南诏和盟后，在景东设银生节度使，节度府衙设在银生城，即今普洱市景东县城。银生城距离南诏国、大理国的国都大理直线距离不到 200 千米，古时候人行只需 3～4 天时间。南诏国在鼎盛时期国土面积达 75 万平方千米，而银生节度的面积达 9 万平方千米，银生节度是南诏国面积最大、物产最丰富的地方。

相传，当年南诏国把被发配的人集中到"牢城"里劳动，在这无量山深处开垦"皇家茶园"，为了限制囚犯的活动范围，就在不同的地方立了五棵石桩，后来人们就把这片茶山称为"五棵桩茶园"。直到宋代，大理国后期废除了银生节度，五棵桩茶园的"牢城"功能被废止，曾经的"皇家茶园"也被弃之荒野。

五棵桩茶园几经兴衰，在不同的朝代都有人在此居住。如今保留的大茶树虽不一定是最初种植，但其中最大的两棵高十余米，最大径围超过 2 米，一棵为大叶种，另一棵为小叶种，恰似一对夫妻树。我们怀念唐朝派樊绰来到南诏国，写下《蛮书》的巨大贡献，并记载"茶出银生城界诸山"等名句。2020 年参加五棵桩祭茶祖活动，我把这两棵大茶树命名为"贵妃柳眉、玄宗望月"。一棵茶树的叶子恰似美女的柳眉，另一棵茶树的树干形似望月老人，这既是对茶树的形象比喻，又是对一段历史的情怀。

如今从县城到班崴村的路两旁种满了冬樱花，政府正在修建班崴到黄草岭的旅游公路，一些无量山的景观将得到开发利用。在花开的

五棵桩古茶树

季节里赏着樱花，追逐着小蜜蜂采花蜜，美丽的小鸟飞在花间，想拍一张小鸟的照片总是不太清晰。这里在元旦期间形成花海，成了人们观光旅游的好去处。黎明时来到班崴，或许能聆听到黑冠长臂猿的鸣啼，从不远处传来清脆、婉转的声音，时而像是全家大合唱，时而像在寻找伴侣，时而像是猴王指挥着统一行动。但长臂猿特别机警，只能耳听，难以眼见。这里是距离县城最近的能听到黑冠长臂猿声音的地方。

五棵桩古茶园

进入五棵桩的刊木古道

七、开南节度府的千年秘史

开南村位于普洱市景东县文井镇，距离镇政府 6 千米，距离景东县城 16 千米。全村国土面积 27.3 平方千米，海拔 1145～1200 米。我 1988 年上高三时，学校组织社会实践活动，在开南村完小吃住、劳动了一个星期，老师把全班同学分 8 个小组分散到上营、中营、下营的农户家参加劳动。小学与村委会建在一个山包下，一个有 400 多家人的古村落分布在学校的对面。村中一条较大的水沟从村中流过；村中有多口古井，村民早晨都到古井里去挑水；村里户户之间都由宽窄不一的石板路相连；村口有一条 3～5 尺宽的石板路通往景东县城，只是修景东到思茅公路的地方被毁了，我们参与农户砍甘蔗时都走石板路。工作以后也经常去开南下乡，所以对开南的山山水水也较清楚。

开南是个普通而又神秘的地方，因"开南节度"让人们争论不休。探秘开南村需要回答几个疑问。"开南节度"在历史上是否存在过？如存在，那"开南节度"设在什么地方？管辖范围有多大？当时设置的目的是什么？设置和废止的大体时间？

开南村

据《南诏德化碑》载，唐时独立的南诏国赞普钟十一年开始修建"刊木古道"。唐永泰元年（765 年），南诏国设银生节度，银生府设于银生城（今景东县城）。

唐朝樊绰到南诏国于公元 863 年著《蛮书》，其第六卷载："银生城（今景东县城）在扑赕（今南涧公郎）之南，去龙尾城（今下关）十日程，东南有通镫川（今墨江县），又直南通河普川（今江城县），又正南通羌浪川（今越南莱州），却是边海无人之境也。东至送江川（今临沧），南至邛鹅川（今澜沧县），又南至林记川（今缅甸景栋），又东南至大银孔（今泰国景迈），又南有婆罗门（古印度）、波斯（今伊朗等中东地区）、阇婆（今印尼爪哇岛和苏门答腊岛）、勃泥（今文莱）、昆仑数种。外通交易之处，多诸珍宝，以黄金麝香为贵货。朴子、长鬃等数十种蛮。又开南城（今景东文井开南村）在龙尾城（今下关）南十一日程，管辖柳追和城（今镇沅）、又威远城（今景谷县）、奉逸城（今宁洱县磨黑）、利润城（今勐腊易武），内有盐井一百来所。茫乃道（今西双版纳）并黑齿等类十部落，皆属焉。"

比《蛮书》早97年的《南诏德化碑》中没有与"开南"有关的记录，但在《蛮书》里"开南"一共出现了8次。其中卷四中3次：第一次："朴子蛮，勇悍矫捷。以青婆罗缎为通身袴。善用白箕竹，深林间射飞鼠，发无不中。部落首领谓酋为上。无食器，以芭蕉叶藉之。开南、银生、永昌、寻传四处皆有，铁桥西北边延澜沧江亦有部落。"第二次："黑齿蛮、金齿蛮、银齿蛮、绣脚蛮、绣面蛮，并在永昌、开南杂类种也。"第三次："茫蛮部落，并是开南杂种也。""茫"是其君

开南村

之号，蛮呼茫诏。"卷五中2次：第一次："云南、柘东、永昌、宁北、镇西及开南、银生等七城则有大军将领之，亦称节度。"第二次："白崖城在勃弄川，……南诏亲属亦住此城傍。其南二十里有蛮子城，阁罗凤庶弟诚节母子旧居也。正南去开南城十一日程。"卷六中1次："又开南城在龙尾城南十一日程，管柳追和都督城，又威远城、奉逸城、利润城，内有盐井一百来所。"卷七中2次：第一次："弥诺江巴西出髦牛，开南巴南养处，大于水牛。一家数头养之，代牛耕也。"第二次："象，开南、巴南多有之，或捉得，人家多养之，以代耕田也。"

开南村

开南节度设置时间，从南诏国历代君主在位时间、与唐朝的关系、对外战争、主要功绩等来看，"开南节度"应设置于南诏国的第六代王异牟寻时期。异牟寻共在位 30 年，即 778—808 年，曾率领 20 万人马与吐蕃会合，共同进攻唐朝，失败后降为吐蕃属国，后因不满吐蕃盘剥又归顺唐朝，银生节度的茶叶是吐蕃和大唐争夺控制得主要资源之一。

开南村

贞元九年（793 年），异牟寻与唐朝节度使韦皋联合夹攻吐蕃，得铁桥等十六城，移宁北节度至剑川，称剑川节度，后与唐朝订立盟约，让吐蕃日渐衰落，使南诏成为西南强国。南诏破吐蕃后于 794 年置铁桥节度，治所在铁桥城（丽江）。此时的南诏国对外扩张领土为最大，属国力最强盛时期。为巩固国防，发展经济，整顿朝纲，防范反叛，设置"特区"性质的开南节度府，派心腹大将任节度使。

南诏国在距离银生节度府 16 千米的地方增设开南节度和节度府，把原来银生节度中最近、土地最丰肥、盐井最集中的地方划封给开南节度管辖。开南节度范围为今天文井镇、镇沅县、景谷县、宁洱县、思茅、勐腊等地，内有盐井一百来所。形成"节度中节度"的奇妙行政格局，这很让人费解，也是人们争议的主要原因，其实这体现了南诏国统治阶级具有极高的政治智慧。

有人认为开南节度府应在文井镇，我认为是开南村。文井古时称"蛮井"，是古代彝族人居住并且开采盐井的地方，把盐井命名为"蛮井"，为开南节度管辖范围内的盐井之一。开南名字因南诏国要开发大理之南的地方而得名，而称为"开南节度"。这里的"开"指开发，而非开拓［拓又作"柘"（zhè），当时设置柘东节度，今昆明］，开拓是开辟、开疆扩土之意。但是"开南节度"是在"银生节度"的核心范围内划出部分区域新设置的节度。

　　虽然开南与文井相距 6 千米，但开南地势更开阔，开南河的水可通过沟渠流入村中，满足府城生活和种田使用，而文井没有开南水源好，地势没有开南平整，综合看开南的地理条件好于文井。原开南节度府遗址应设在中营。今天称上营、中营、下营三个小组，是当时节度府的驻军之地，今天虽没有留下古城遗迹，但也能看出曾经的辉煌。从《蛮书》记载可知，从大理（下关）到银生城 10 日，到开南城 11 日。这里指刊木古道的驿站，实际从大理到开南人走的路程为 250 千米左右，人行走只需 5 天左右。

　　当时的南诏国国土面积约 75 平方千米，银生节度的面积约 9 万平方千米，是南诏国最大的节度府，异牟寻担心银生节度实力太强后会脱离南诏国，便在银生节度范围内设置开南节度，综合起来说目的有三：一是削弱银生节度的区域和经济实力；二是使两个相邻的节度府之间相互制约、监督；三是直接控制开南节度的盐、粮、茶等重要物资，加强朝廷的管控能力。

　　开南节度设置于南诏国中期的公元 800 年前后，废止于大理国天授元年（1096年），共存续近 300 年。1096 年大理国废节度、都督等，设八府、四郡、四镇及部、赕等地方机构。原景东县（银生节度和开南节度）属威楚府的当箸赕。至元十二年（1275 年），景东县境属威楚路开南州，银生归开南州。至顺二年（1331年），元朝将威楚路所辖开南州、威远州析置景东军民府开南州。明朝复设景东府，开南从此退出历史舞台，成为一个符号，从古代府衙降为一个村委会。

开南村

八、古茶飘香的窝落地

窝落地属于景东县漫湾镇温竹村委会，海拔 1800～1900 米，是漫湾镇村民居住海拔最高的地方之一，位于无量山腹地，因四周被群山包围，仿佛是一块落陷下去的地方，地形像鸡窝，故得名窝落地。窝落地有 8 个小组，210 户人家，近 700 人。彝族为当地的主体世居民族，过去是一个与世隔绝的世外桃源，位于安召到景东（古银生城）的刊木古道旁，距离无量山垭口只有几千米。这里什么时候开始有人居住没有具体记录，只能从这里的古木、古茶树中去推断。

窝落地村

窝落地是漫湾古茶山的主要茶园之一，也是比较有名气的，古茶面积有 600 多亩，古茶树龄多为 300～600 年，最大茶树径围 1.5 米，树龄约 600 年。百年以上古茶树 500 余棵，其中径围超 1 米的有 80 余棵。窝落地四周群山高耸，落差近千米，亿万年来的地质运动，使低洼处堆积了大量的石头，智慧的人们用石头铺路、砌房墙、砌地坎，把石窝子改造成平整的台地来种粮，地埂上种植了大量的茶树、核桃树等。窝落地茶长于乱石之中，因矿物质等养分丰富，属于典型的"无量山岩茶"种植区，茶树长势良好，茶叶品质上乘，越来越被外界所关注。

每年茶叶开采时，当地都要举办一次隆重的祭茶仪式，宰一头羯羊作为主要祭品。全村男女老幼围在大茶树下，吹起地方特色的"老古吹"，长号、小号、大筒齐鸣，在摆满祭品的盘子前，祭司手执清香，念着祭词，大家都无比的虔诚。祭祀完毕，祭司一声令下，身着民族盛装的人

窝落地古茶

窝落地古茶树

们爬上茶树开始采茶。当地人祭茶是祭天地、祭祖先，没有具体的哪一位茶祖，这是无量山、哀牢山地区的风俗。下午，全村人和来宾一起喝酒、吃饭、唱歌；晚上，围着火堆跳着"三跺脚"。这是一年中山里人最愉快的一天，是庆祝丰收的开始。

在一个村子中间的一个石头缝里，生长有两棵大树，其中一棵是黄桑树（又称野桑树），树的最大径围6.6米，高约40米，树龄1000年左右，在当地称为神树，黄桑树周边生长有很多大茶树。在四周青山的陪衬下，古寨有些神秘。在清晨猿声的陪伴下，古寨里的炊烟开始升起，山里人开始了一天的生活。四季都有鲜花点缀，古寨确实很美。镶嵌在村子里的石板路和石头墙很有历史感，这里的高山、悬崖、村寨、道路、果树、茶树都显得和谐古朴。

窝落地野桑树

九、羊街渡三大历史"事件"

澜沧江发源于青藏高原，大江的中游从南流向北，一段是大理州与临沧市的界江；一段流入普洱市和临沧市，也是两市的界江。当流入澜沧县时来了个近60°大转弯，变成由西向东北方向奔流而去，从澜沧县与景谷、思茅之间穿过，再缓缓流入景洪市，出国后称湄公河，成为一条著名的国际河流。

澜沧江上游海拔落差大，水流湍急，中游水流稍稍平缓一些，这是大自然的奇妙之处。正因为澜沧江中上游海拔落差大，才修建了10多个阶梯式的百万千瓦级大型水电站，造福于人民，成为国家"西电东送"的能源基地。

羊街河属于景东县漫湾镇五里村委会，是一条小河，因小河的入江处江水比较平缓，形成一个渡口，每逢属羊这天，人们在渡口旁赶集，就把这条小河叫作羊街河，渡口称作羊街渡。羊街渡距离南涧与景东的界河"温东河"5千米，相距昔宜渡口和"狗街"30余千米，是古代刊木古通道上的主要渡口。历史上，羊街渡永载史册的机会主要有三次。

第一次是唐懿宗咸通三年（862年），蔡袭代替王宽为安南经略使。当时樊绰为安南从事，是蔡袭的幕僚。《蛮书》载："臣于咸通三年春三月四日，奉本使尚书蔡袭手示，密委臣单骑及健步二十以下人，深入贼帅朱道古营寨。……咸通四年正月六日寅时，有一胡僧裸形，手持一仗，束白绢，进退为步，在安南罗城南面。"

澜沧江

　　樊绰咸通三年（862年）农历三月初四从越南河内出发，以军事间谍的身份前往南诏国了解风土人情、交通物产、军事文化等，做到知彼知己。樊绰行走的基本路线是：从越南河内（安南）经过红河州河口、曲靖、昆明、楚雄等地到南诏大理（苴咩城）。到大理后樊绰没有按原路返回，而走永昌茶马古道，从澜沧江进入保山、凤庆、云县，又到澜沧江边的羊街渡口，坐渡船达景东县安乐街、保甸，进入"刊木古道"，从金鼎山翻越无量山，到银生节度府（景东），再到开南府为终点后返回。返回时从景东经文龙、安定，南涧县的无量、宝华，经弥渡（白崖城）达楚雄，从原路返回。于咸通四年（863年）正月初六终于回到河内（安南城南）。历时共302天，完成这项特殊任务。

　　樊绰对云南茶的最大贡献是：863年写成《蛮书》。此书共十卷，对南诏国统治区的政治、经济、民族、山川、交通城镇及境外诸国做了详细记述，为现今仅存唐代著述中有关云南地区之专著，具有极重要的史料价值。《蛮书管内物产·第七卷》载："茶出银生城界诸山。散收无采造法。蒙舍蛮以椒、姜、桂和烹而饮之。"

　　第二次是徐霞客原来计划在羊街渡过江没成，是对云南茶的推广及对无量山的错失。云南因道途遥远险阻成了古人到此游历的障碍，但徐霞客是个例外。在他60多万字的《徐霞客游记》中，《滇游日记》有25万多字，居各省之冠。这是徐霞客游历最远、内容最多的纪录，使他成了历史上最著名的旅行家。

　　徐霞客进入云南的时间是1638年。据统计，明代云南有寺院600余座。这些寺院的僧侣多来自内地，因明朝晚期社会动荡与文人的弃世，使得寺院成了"民间高人"的聚集地。

　　在巍山附近，徐霞客见到僧人们盘腿坐在铺着青松针的地上，前各设盒果注茶为玩。初清茶，中盐茶，次蜜茶。这也许是他对"白族三道茶"的简述。

　　徐霞客从崇祯十一年（1638年）五月初十由贵州经胜境关进入云南，到崇祯十三年（1640年）正月东归，在云南游历考察了一年零九个月。足迹踏遍曲靖、昆明、玉溪、红河、楚雄、大理、丽江、保山、德宏、临沧10个州市46个县。

　　崇祯十二年（1639年）三月十三，徐霞客在大理感通寺。八月初六，他从昌宁抵达凤庆，在龙泉寺食宿了两天后，曾计划从凤庆、经云县从羊街渡坐小船渡过澜沧江，翻越无量山，达景东，再返回昆明。不料适逢雨季，澜沧江水猛涨，无法渡江。当他站在羊街渡的对岸，看着滔滔江水，有几分心潮彭拜，也有几分失落，于八月十三再度返回凤庆。

第三次是 20 世纪 40 年代，日本侵略者入侵东南亚，阻断美国援华物资，民国政府在滇西抢修两条公路，一条为祥云—大理—保山—缅甸；一条为祥云—南涧—公郎—"景云桥"过澜沧江—云县—临沧。但从祥云到临沧的公路在抗战时期没有修通，景云桥修修停停直到 1949 年 4 月才通车，位于羊街渡口上方。景云桥因连接景东和云县而得名，可通行汽车，成为澜沧江中上游的第二座公路桥，直到中华人民共和国成立后才修通云县、临沧的公路。后来把这条公路命名为"214 国道"，又在铁索桥旁修了水泥大桥。1986 年在景云桥下游 10 千米左右的地方开始建设漫湾电站，国道 214 线改道翻越无量山，修了漫湾澜沧江大桥。

如今古渡口、古街道和铁索桥已被江水淹没，渡船和铁索桥被新建的大桥和现代交通工具所替代。在古银生府范围内的澜沧江上有数十个渡口，以羊街渡和昔归渡最出名。羊街渡的对岸是临沧市云县的知名茶山白莺山，而在羊街渡上面的五里坡还保留着上百亩的古茶树，只有这些古茶树还能吸引外界，还在讲述着曾经的辉煌。

澜沧江

十、安乐

安乐古称安保，当地人也叫阿乐。安是人们追求长治久安，当时唐朝的国都是长安，有安心、安宁等之意；"乐"源于"猓"，南诏国的一个彝族支系称"猓形蛮"，后来也叫"猓猓族"，近代叫"猓猓"有点贬义，是落后、野蛮的意思，人们就把"猓"改"乐"。乐秋、沙乐、安乐都是古代"猓猓族"部落居住的地方。所以安乐是猓猓族人安居的地方。

安乐村

从安召到安乐的距离有 20 多千米，安乐是一个古驿站，20 世纪六七十年代成立安乐公社，安乐街曾经成为政府驻地。安乐隶属景东彝族自治县漫湾镇，距镇政府所在地 2 千米，距县城 120 千米。东、南面均邻漫湾村，西邻五里村，北邻温竹村。

安乐历史悠久，3000 多年前，安乐人的祖先就繁衍生息在这块神奇而又充满活力的土地上，虽然没有留下久远的文字记载，但可从文物考古的角度来还原一个别样的安乐。20 世纪 80 年代文物普查时，在安乐街、马鹿田等地发现新石器遗址，后来又在大道场、白头地等发现新石器遗址，为澜沧江沿岸古代先民聚落遗址，是澜沧江流域早期人类活动的历史见证。对研究当地人类早期历史活动、社会文化、经济生活具有非常重要的价值。

1974 年云南省博物馆文物工作队在澜沧江沿线探测发掘时，在临沧市云县忙怀的旧地基和曼干发现石器。因发现于忙怀而得名"云南临沧云县忙怀新石器文化"，以代表澜沧江中游地区的新石器文化。

云南临沧云县忙怀新石器文化遗址这种文化类型在澜沧江中游的两岸有大量分布。在上游的保山、怒江及下游的普洱、临沧、西双版纳等地均有发现，主要是以砾石石片打制而成石斧、石网坠、印模、陶片、石砧等文物，这些石器距今有三四千年的历史。

　　新石器时代是考古学家设定的
一个时间区段，大约从一万多年前
开始，结束时间从距今 5000 多年至
2000 多年，以使用磨制石器为标志的
人类物质文化发展阶段。据近代考古
发现，在距今 5000 年前（新石器时
代）的古人已进入了文明时期。

安乐村

　　安乐等地发现的新石器文化遗
址，说明澜沧江领域在三四千年前就有早期的人类活动，只是这些人的文明和开化
程度落后于中原地区。在蚩尤部落等南迁过程中，把更先进的文明带入云南，从而
加速土著人的文明和开化进程，也就形成今天的不同民族。所以世代生活在这里的
彝族支系"倮形蛮""倮倮族"等就是这些使用新石器古人类的后代。

　　安乐位于古代刊木通道上，拥有良好的人类生存环境，有悠久而特殊的历史文
化。在澜沧江多地发现新石器的文化遗址，但以安乐的遗址规模最大，文明程度更
高，也许安乐这地方率先开启彝族人的文明时代，成为一个民族繁衍的中心。

安乐村回营

十一、"皇田"保甸

（一）南诏国的"皇田"——保甸坝

保甸过去的解释是：保是缓坡；甸是平坝，意为"翻过缓坡的坝子"。我认为其解释不够准确。"保"字是甲骨文象形文字，用手抱孩子形，是保护、拥有的意思；"甸"字为郊外的"王田也"。我的解释是"一个形似放婴儿的摇篮"，并为皇家王田的坝子"。但因历史的原因有关保甸的记录极少，仅留下很多久远的历史物证。

保甸（含文冒村）坝子国土面积 4.7 平方千米，是景东县的第三大坝子，也是无量山以西，澜沧江东岸最大的坝子，为南诏国、大理国时的王田。保甸距离大理只有 150 余千米，人走刊木古道只要 3 天时间。保甸光热充足，水利灌溉条件好，自古是鱼米之乡，因大理地处高海拔，古时不盛产稻米，而把保甸作为王田也是情理之中。

保甸现可查最早的文字史料《明实录·英宗正统实录》七卷哉："宣德十年七月丙申……设云南景东府保甸巡检司，置巡检一员，从土官知府陶瓒等奏请也。"

保甸坝子

保甸杨尚村

保甸巡检司设立于宣德十年（1435 年），管辖范围为无量山以西，澜沧江以东的今漫湾、林街、曼等、景福、大朝山等地区。保甸巡检为正九品，首任巡检为俄陶第四代玄孙陶暹。保甸巡检一直为陶暹后代子孙世袭，明清两朝共世袭了十八代。末代巡检陶元品被杜文秀领导的回民起义军所杀。保甸巡检司共存在了 420 多年。古代景东有记载的巡检司有公郎、保甸、三岔河、振太等，都设置在交通要道上。

保甸在南诏国、大理国时就是一个经济、文化的交通重镇。保甸隶属景东，也是景东文化底蕴比较厚重的地方之一。从民国之后称保甸区，1958 年建立保甸人民公社。1961 年将林街从保甸划出，保甸公社改为安乐公社，政府驻地从保甸街迁往安乐街。1975 年因安乐街地质滑坡，政府驻地又回迁往保甸街，1983 年复名保甸公社，1984 年撤公社为区政府。由于建设国家重点工程漫湾电站，1988 年区改镇，成立景东漫湾镇，镇政府迁往岔山。从此保甸也就降为村委会一级了。

保甸街

保甸坝子附近澜沧江沿岸的村寨多以布朗族人口为主，如江口、慢边、新寨、大树、陶家等小组，这些布朗族就是 3000 多年前使用新石器的古代先民后裔。保甸坝子被陶氏统治、盘踞了 400 多年，形成以彝族、傣族、汉族、回族、布朗族等多民族聚集的坝子。到清朝晚期，云南爆发了以杜文秀、李文学领导的少数民族起义，推翻了保甸陶氏等统治阶层。

由于山脉、江河等地域的原因，从南诏国、大理国到景东、景谷、宁洱、思茅、版纳等古代银生节度的广大地区，为了高效地管理、控制这条交通要道，不断扩宽、修缮了古道。还修建了很多古桥、驿站，沿途每个垭口都种植上大树，既是路标，又是马帮行人休息的地方，也成为一道道风景。

南诏国时期开通的刊木通道，保甸是交通枢纽，深受南诏大理文化的影响，保甸成为银生节度范围内菩提树最多、最古老的地方之一。在保甸有非常多的菩提树，有几株还是普洱市境内发现比较古老的。最大一株在保甸街头，最大径围 9.35 米，有上千年的树龄了。

菩提树又名阿里多罗、印度菩提树、思维树、毕钵罗树等，原产印度、缅甸、斯里兰卡。是古日耳曼民族的一种神圣植物，充满了历史与传奇。菩提树似乎天生就与佛教渊源颇深。相传，2500 多年前，佛祖释迦牟尼原是古印度北部的迦毗罗卫王国（今尼泊尔境内）的王子乔答摩·悉达多，他年轻时为摆脱生老病死轮回之苦，解救受苦受难的众生，毅然放弃继承王位和舒适的王族生活，出家修行，寻求人生的真谛。经过多年的修炼，终于有一次在菩提树下静坐了 7 天 7 夜，战胜了各种邪恶诱惑，在天将拂晓、启明星升起的时候，获得大彻大悟，终成佛陀。所以，后来佛教一直都视菩提树为圣树，印度则定之为国树。在刊木古道附近目前还保留着许多高大的菩提树，与佛教在这一地区的传入有关。

（二）大理国的皇家寺院——得果寺

保甸有个小组叫得果寺，曾经在村边几棵大菩提树和大榕树下有个寺庙，是个四合院的寺院，据说解放前香火很旺，也有许多传说。1949年10月后庙房作为生产队的粮仓。20世纪80年代包产到户后，因当地人一般不会使用庙房里的物件，后来庙房无人管理也就自然倒塌了。

据史料记载："大理国皇帝段智兴极其崇佛，'智兴奉佛，建兴宝寺，君相皆笃信佛教，延僧入内，朝夕焚咒，不理国事'。智兴大修佛寺，建了60寺院，大理是小国，消耗不起，国力有所衰落。段智兴死，子段智廉立。段智廉对佛教也感兴趣，派人到宋朝求得大藏经1465部，放置在都城内的五华楼。"大理国王室极崇尚信佛，多位皇帝都禅位后出家为僧。

得果寺古井

相传，保甸得果寺是段智兴在位时修建的60个寺院之一，建寺院时几次倒塌，后来从大理来了一位高僧亲自主持修建，工程很顺利，修了一栋大殿、两栋侧房、大门围墙等。寺院不大但很精致，飞檐翘壁，雕梁画栋。寺院建好后高僧就一直留在这里为当地百姓行医传佛，最后圆寂于此，人们为怀念他，就称这个寺院为得果寺，修得正果之意。寺院离我老家不到1千米，去过多次，刊木古道从寺院前经过，曾经的皇家寺院，使保甸方圆百里的百姓有了精神的依托。得果寺经历了千年沧桑，几经修葺，主体建筑保留到了20世纪80年代。如今得果寺还依稀能看出寺庙的痕迹，虽然寺庙前的古道已被公路所代替，只有离寺院不远处的一口古井和一林古树依旧在。

得果寺小组

（三）工兵地——历史上的兵工厂

工兵地小组也叫公边地，是我出生的胞衣之地。工兵地距离保甸街 2 千米，与得果寺相邻，两地相距 500 多米。景东县历史上共出过 3 个进士，其中刘体舒、刘崐 2 位的祖上就居住过工兵地，祖坟还在工兵地。

明代在保甸设巡检司是个准地方武装机构，在距离巡检司 2 千米的地方设兵营、开设兵工厂。在冷兵器时代，这里以制造各种刀矛弓弩等器具为主，后来这里生产最先进的武器火药、土枪、土炮。工兵地在集体化时代还保留着旱碾子，用弧形的石头打制成碾槽，围成一个圆圈，中心安放一棵立柱，立柱上安放一根较长的木头，一头连接石碾子，石碾子的直径在 1 米左右；木头的另一头比较长。石碾子一般用水牛来推动，主要用于碾磨制造火药的材料。

相传工兵地原来的军营房子较多，但在杜文秀领导的起义军攻打保甸巡检司时，作为军事重地首先被攻击，起义军占领兵工厂后一把火给烧了。工兵地左后面的最高峰叫圆盘山，圆盘山两面是悬崖峭壁，易守难攻，山顶上有水源，自古就

工兵地小组

是军事要地。圆盘山上有许多古战壕，我们小时候上山放牧，经常在战壕里玩。20世纪90年代保甸大力发展甘蔗产业，圆盘山上毁林种了甘蔗，古战壕的遗迹也消失了。

抗日战争时期，美国支援的"飞虎队"有一条航线在此经过，在工兵地后山的"三脚架"梁子上，民国政府建了一个导航塔，当地人称它为"三脚架"，塔是用木头搭建，高有数十米，塔顶安放一个反光铁皮，指引飞机飞行。我小时候去只看到一个塔基的石桩，石桩中心上刻有模糊的字样，但后来有人以为下面埋藏有东西便悄悄把石桩给破坏了。

在圆盘山和三脚架梁子之间有个垭口，垭口上种了一棵菩提树，是刊木古道的必经之路，垭口上方有个山神庙，人们把这地方叫小庙垭口。垭口的一侧是300余米高的悬崖峭壁，悬崖中部有一个岩洞，曾经洞里有过老虎，就叫老虎洞，洞口一个巨石形似一只坐着的老虎，人们把它叫作石老虎。

工兵地是个与军事结缘的地方，中华人民共和国成立以来工兵地有7人成为解放军，在当地的各生产队、小组中是少有的。目前大理到临沧的高速公路从工兵地、保甸通过。保甸是个历史文化很厚重的地方，只是过去没有系统地进行梳理挖掘，了解的人不多，我在书中较大篇幅地介绍这个生我养我的地方，算是一种乡情的体现吧。

作者与尹文良合影

作者考察古遗迹

（四）保和书院走出两位进士

书院的出现始于唐代，其主要职能是掌校刊经籍、征集遗书、辩明字章等，但到明清时期，则演变成科举考试的预备学校。雍正十二年（1734年）建成保甸保和书院，是景东同时期存在的四个书院（在清代有景东城北开南书院、安定兴文书院、振太兴隆书院）之一。保和书院也是当时西区唯一的书院，直到清同治十二年（1873年）在林街清真寺创办了麟凤书院。

在整个明清时期实行科举制度的440多年间，景东一共只有3人考中进士。虽然没有文字记录刘体舒、刘崐2位进士曾经就读于哪个书院，但从属地和距离判断，保和书院应该是他们的母校之一。

景东仅存的开南书院

刘体舒，字云岩，生年不详，卒于1851年。曼等村洼子人。刘体舒自幼聪颖，饱读诗书，文满乡野。于道光八年（1828年）乡试中举人（第三名）。在"振文塔"建成后的第二年，即道光十三年（1833年）中壬辰科进士，成为景东考中进士的第一人。钦点进士后封发直隶顺德府广宗县任知县，后分别任广西省思恩知府和浔州知府。1851年，广西以洪秀全和杨清秀为首的"太平天国起义"爆发，刘督率众部奋力抵抗，后被太平军抓获，死而不降，服毒自杀。民国《景东县志稿》载："浔州城破被掳，供张甚备，始终不屈，仰药而死。"咸丰帝闻奏后，恤赠太仆寺卿。

刘崐，号韫斋，字玉昆，曼等村洼子人。清嘉庆十五年（1808年）三月十七生，光绪十三年（1887年）卒于湖南省长沙市，是清末年间著名的人物，是同治皇帝的老师。道光八年（1828年）十九岁优贡生，道光十二年（1832年）乡试中举人（第二名），道光二十一年中进士，二甲十六名，选翰林院庶吉士。先后担任翰林学院侍讲学士、内阁学士兼礼部侍侍郎、兵部右侍郎、户部右侍郎、工部右侍郎、会试读卷官、国史馆副总裁、经筵讲官。咸丰十一年（1861年）因肃顺等党援案被牵连革职，后又起用为太常寺少卿、太仆寺卿、江南正考官，后又迁升为内阁学士兼礼部侍郎、署顺天府尹，加任文渊阁直阁事，57岁时授湖南巡抚。

刘体舒为刘崐的叔叔，他们都是景东人的骄傲，也是云南的知名人物。刘氏家族人才辈出，这与保甸渊源密切。历史上曼等属保甸巡检司管辖，直到民国时期，曼等仍然隶属保甸区。刘崐的家族是从保甸迁到曼等的，据刘世和《刘姓家谱》载："刘姓第九代刘必贡由景东卫城刘家沟取道安定，经无量山移居保甸工兵地尹家塘（村）。刘必贡和其妻杨氏去世后合葬在尹家塘家宅不远处。后来刘必贡儿子刘耀宗将家从保甸尹家村迁到了曼等洼子村。"原因是"因势孤力薄，被土著他族排斥"。刘体舒为刘姓第十二代，刘崐为刘姓第十三代。

　　尹家村是一个地势比较平整的地方，像是一只凤凰的头冠，与"得果寺"同处一个山梁，"得果寺"就像骑在凤凰的背上。中华人民共和国刚成立时尹家村有 2 户人家，现在是 4 户，与我家住的凹子村在集体化时都属于工兵地生产队，中间只隔一条尹家箐，直线距离 300 米左右。

　　传说，刘家发达后，请高人算，考察了各代祖坟，最后说是尹家塘的老祖坟发的，就重修了祖坟。可惜在"破四旧"时把大坟石头给拆去建生产队的仓房了，如今只有一个乱石堆。刘家在十多年间出了两个进士，这让每况愈下的陶府族人很嫉妒，同时又听说在尹家村、杨尚村一带要出陶府控制不住的能人，就专门请人做了法事，在振文塔下面，以修缮之名悄悄埋入一对童男童女，当地的放牛人还听到小孩的哀哭声。还在保甸街到回营村的保甸河上架了一座弓形风雨桥，叫"花桥"，1978 年被洪水冲走。因为振文塔、花桥、尹家村、杨尚村基本在一条线上，当地流传一句谚语："振文塔是箭，花桥是弓，一箭射到尹家村和杨尚村（村字当地方言读 cōng）。"

　　之后几十年，刘家也没有再出大人物。刘家知道后，在尹家塘祖坟旁边竖起一"围杆"，遥对振文塔，进行抵抗，俗称"破法"。所谓"围杆"，就是竖起高约 5 米，粗为 20 厘米 × 20 厘米的石柱，在石柱中间安放了 6 个似斗的石头，也是"破四旧"时给毁了。

保甸工兵地风光

保甸杨尚村风光

（五）奇山秀水的文冒

保甸坝子由发源于无量山的保甸河和文冒河滋润着，两条河相汇后从山口流出，流了3千米左右注入澜沧江，也在这里形成知名的忙怀渡口。

文冒风光

文冒振文塔

文冒古称蛮冒，南诏国是一个以彝族为统治阶层的国家，蒙舍蛮是彝族的蒙化人祖先，主要生活在无量山、哀牢山地区。在保甸坝子的文冒河边冒起几座高大独立的山峰，有的像金字塔，有的像古代的官帽，形成奇山秀水。蛮冒指"彝人居住在冒起的山峰下"。蛮冒也成了耕种"王田"的人，这也是一份荣耀。但后来的"蛮"变成"蛮夷"，是野蛮、落后的意思，到了民国时期就把蛮冒改成了文冒。

保甸巡检司为振兴当地文风，发展保甸文化，于道光十一年（1831年）在保甸的文冒村后山上修建保甸振文塔，塔高12.6米，塔底长、宽各2.5米。塔用石料支砌而成，共10层，1～9层四方形。一层正北方有麒麟浮雕，顶部石框上题有"振文塔"的塔名，两边刻有"巍峨振屺文明笔，安固坚培翰墨风"对联。保甸振文塔成为"景东三塔"之一，1986年正式公布为县级文物保护单位，2013公布为市级文物保护单位。

十二、大朝山东镇的旖旎风光

普洱市景东县大朝山东镇位于景东县城西南部，地处无量山西坡、澜沧江东岸，距县城 108 千米。东邻镇沅县勐大镇，南邻镇沅县振太乡，西邻澜沧江，北邻曼等、景福乡。全镇国土面积 542 平方千米，共有 15 个村委会，人口 2.7 万人。

东镇旅游资源很丰富，只是一直没有开发，藏于深山人未知。今天带您到东镇旅游去。

一早从景东县城出发，翻越无量山高峰，到了一个叫芹菜塘的地方。芹菜塘是无量山以西的一个交通要道，古时是刊木古道、茶马古道的重要驿站，向北走是景东县景福、曼等、林街、漫湾，向南走是镇沅县勐大、振太等乡镇，向西走就通往大朝山东镇。

东镇大驮街

（一）石鼓崖的永恒鼓声

沿着芹大（芹菜塘—大朝山电站）三级公路前行 22 千米到了黑蛇村，因过去在此地发现黑色的大蟒蛇而得名。黑蛇村委会及周围属于喀斯特地貌，有奇形怪状的石灰岩，其中在公路下几百米有一个地方叫石鼓崖。顺着一段遗存的茶马古道前行，这段用石块铺设的古道是过去从大驮街到芹菜塘或勐令翻越无量山达景东县城的一段茶马古道，现保存较完好。

离村寨百余米的古道旁有座古墓，当地人称作王家大坟。古墓曾修得非常气派，据说墓门高 5 尺、宽 4 尺、深 3 尺。可惜在 20 世纪 70 年代修建黑蛇村粮店时被毁，现在只留下部分古墓的残岩断石，但也可想象这个茶马古道上的小山村一定隐藏着一些不为人知的历史。

在古道的另一侧就是石鼓崖，一座高耸而立的石灰岩小山，石山顶上叠放着两块巨石，上面稍小些的巨石，若有人上去一推，会上下翘起来，发出"咚咚"擂鼓的声音，人们称为石鼓崖。当地人介绍："这是神仙搬来放这儿的仙人石，每当这一地区将要发生什么自然的大事、怪事，石鼓就会自然摇动，发出巨响提示人们。石鼓下有一石缸，水从石头中浸出，常年不干，落入缸中的树叶常年被两只小鸟叼走，传说山下埋有宝藏——'石缸对石鼓，埋有白银二万五，不信去问李老祖'，李老祖是长于石崖上的一棵古老李子树。人们很敬畏这地方，常到这烧香祈福，宰羊祭祀，这石缸里的水够料理两只羊。"

黑蛇村这地方过去是刊木古道、茶马古道的一个古驿站，在离这几千米外有片近两百亩的黑蛇古茶园，在当地也颇有名气。这里的古道、古茶、古墓等都记录着曾经的故事。

石鼓崖

大驮茶马古道

（二）龙家岩子的将军崖

大朝山东镇大村西连澜沧江，东连大驮村，距离镇政府 12 千米，从三级公路到江边有 20 千米。龙家岩子位于大村半山腰，一座怪石林立的岩石，最高的巨石很像古代身穿盔甲的将军在凝视着远方，周边的岩石有的像列队的士兵，有的像马牛等各种动物……只能发挥你的想象力了。

当你登上将军崖，一定会心潮澎湃，遥望着脚下流过的澜沧江，玉带般流淌于两山间的澜沧江水，看日出日落，四季风景各不同。只是冬季更显特别些，早晨站在将军崖上，澜沧江的云海或轻浮或凝重，时而升腾时而降落，或浓或淡，白茫茫的犹如一条超级玉带，每天变换着不同形状和身姿，让大山与村庄变得朦胧、显得神秘。

（三）大驮街的历史文化

大朝山东镇政府所在地大驮街，海拔 2050 米，是景东县海拔最高的集镇。历史上大朝山东镇称永秀乡，2005 年乡镇合并后改为大朝山东镇，人们习惯把大驮街称作永秀，永秀因山美水秀、人杰地灵而得名，并寄寓一种永恒的秀美。

过去大驮街没现在的规模大，古街道建在一条长约 300 米、宽约 50 米的山梁上。人们沿山梁斜坡而赶集，房子建于街道两边，街道两端是两座山包，从地形上看像一个装满东西待上马背的马驮子，人们就叫它大驮街。

将军崖风光

（四）永秀的杜鹃花群落

从大驮街沿芹大公路前行 3.8 千米，到一个叫干桔河垭口的地方，分岔一条盘山公路，沿公路而上 2 千米，进入密林，就到了大驮街后山的最高峰。这里的海拔2340 米，近年修建了一个瞭望塔，登高望远，山峦起伏，有"一览众山小"之感。也是因修建瞭望塔，人们才发现这片面积达数百亩的原始杜鹃林。

在无量山、哀牢山的高海拔地区长有杜鹃花并不稀罕，哀牢山杜鹃湖水库就因长有大量杜鹃花而得名。但当你看到永秀原始杜鹃花林海时仍会为之而震撼。

杜鹃花又被称为映山红，是中国十大传统名花之一，大树杜鹃是一种极度濒危的植物，它们只生长在很小的区域内，数量很少。中国是杜鹃花分布最多的国家。大树杜鹃为云南独有的杜鹃品种，由于藏在深山之中，直到近代才被生物学家发现，从树苗成长到可以开花，需要经历几十年的生长期，每一棵都格外珍贵和稀有。

杜鹃花

大树杜鹃最早为英国传教士福瑞斯

瞭望台

大树杜鹃

特于 1919 年发现，雇人从云南高黎贡山上砍了一株高 25 米，径围 2.6 米，树龄 280 年的大树杜鹃，作为标本，陈列于大英博物馆，当时被称为大树杜鹃王。

福瑞斯特盗取标本的 70 年后，中国的科学工作者多次深入高黎贡山腹地考察，终于在 1982 年 4 月，在大塘大河头以北的高黎贡山山腰发现了世界罕见的大树杜鹃群落。在面积 0.25 平方千米的范围内，有 40 多棵大树杜鹃，胸径 1 米左右的有 12 棵，其中最大的一棵胸径 3.07 米，高 28 米，树冠 61 平方米，树龄 500 年左右，是当今世界最大的一棵大树杜鹃，被科学家誉为"世界大树杜鹃王"。

近日在普洱市景东县大朝山东镇发现一片大树杜鹃群落，其中最大的一棵树幅 13.5 米 ×9 米，基部径围 2.9 米，树高 14.5 米，开红色花，生长在海拔 2340 米的地方。在大朝山东镇政府后山海拔 2100～2340 米的区域，发现面积近数百亩的永秀杜鹃花树原始群落。这里山高林密，树木以杜鹃树为主，漫山遍野，有大有小，有高有矮，有开红色花的，有开白色花的，有开粉色花的……这里的野杜鹃花品种多，花样多，不同品种的开花期也不尽相同，每年 3—5 月盛开。

红杜鹃盛开时山林红似一团团火，姹紫嫣红；白杜鹃盛开时山林白如雪团撒入林中；粉色的杜鹃花有些羞涩，因花儿较小，不时夹杂在红杜鹃与白杜鹃中间，显得有几分娇小，但不失艳丽。

　　这里是无量山和哀牢山广大地区，大树杜鹃花树群落离乡镇政府距离最近，目前为普洱市发现树干最粗大、保护最完好的野生杜鹃花群落。当地党委政府将抓住打造"无量山、哀牢山国家森林公园"的契机，规划打造集旅游观光、科考研究的"永秀杜鹃花森林公园"。

杜鹃花

（五）"一村连四县"的文玉村

　　景东县大朝山东镇文玉村故里，是我30年前工作的第一个地方，在这里度过了8年的青春岁月，每一处山、每一处水都给我留下深深的记忆，也在这里收获了爱情，做了父亲。

　　文玉村原为大朝山东镇镇政府所在地，后来乡镇合并，合并后镇名还在用，镇政府所在地迁往大驮街，原本热闹的文玉街变得很冷清。文玉村是距离景东县城最边远、交通最不方便的行政村，是个"一村连四县"的奇特地方，即与普洱市的景东、镇沅二县与临沧市的翔临区、云县二区县相连。

　　但随着墨江县到临沧市高速公路的通车，墨临高速设在澜沧江边的高速收费站到文玉村只需半小时，这里即将成为景东交通最不便到最方便的历史跨越。别看文玉村小小的，其还有些不简单。

　　这里隔江相望有茶界的知名茶山——昔归古茶山。茶山最早为苏三宝开垦种植，还有一段精彩的故事：清朝晚期苏三宝因投靠清廷，平叛起义军有功，清政府封官封地，把临沧的平村、昔归等地划给苏三宝管辖。苏三宝就在澜沧江上开设昔

文玉村

归渡口，控制两岸经济，派亲信把守渡口达 40 余年，男人划船打鱼，女人织网种茶，也因此成就今天的昔归古茶。

文玉村涉两大百万千瓦级电站，大朝山水电站之头、糯扎渡水电站之尾，有秀美的长发山，有白马溶洞，有名震四方的豪强苏三宝及"老衙门"故居，有树幅占地近 4000 平方米的独树成林景观等。特别在大田山梁子，曾经建有苏三宝的望江阁及古炮台，是欣赏和拍摄澜沧江风光、高峡出平湖、昔归大桥、昔归古茶山的最佳位置。只需要修复这里的望江阁，添置几门土炮，一个现成的江滨公园就成了。

文玉村经林业部门认定的古树名木多达百余株，主要有菩提树、榕树、龙眼树、金桂花、野杧果等，成为普洱大榕树最集中、最多的行政村。

一个小山村，清末出了个四品官衔的苏三宝大人；中华人民共和国成立后出了两个地下党的大学教授苏克和苏有余兄弟俩，也可谓人才辈出。这里区位特殊，人杰地灵，人文景观较多，随着墨临高速的开通，"一村连四县"的文玉村将迎来发展新机遇。

文玉大榕树

文玉村

眺望昔归大桥

（六）大朝山的龙潭传奇

叫"龙潭"的地方很多，这里介绍的困嘎小龙潭位于景东县大朝山东镇的困嘎村，距镇政府 17 千米。小龙潭四周住着 30 多户人家，也很自然地称为小龙潭组。小龙潭海拔 2012 米，后山的最高峰海拔 2300 多米，龙潭现有面积近 4000 平方米，水很少也很浅，现在多变成了农田，历史上的小龙潭比今天大得多，曾是一个高山天然湖泊。

相传很久很久以前，在无量山的磨刀河有个专门锻造"无量剑"的罗姓世家，世代所铸造的宝剑都为南诏国的皇家御剑。无量剑剑长三尺，剑如弯月，剑柄多用象牙装饰。把铸好的剑拿到磨刀河的龙血石上磨锋利，剑从不生锈并可作镜用，剑锋削铁如泥。南诏国国王常把无量剑赐予出征的将领们使用，南诏大军所向披靡，战无不胜。敌方领教够了"无量剑"的威力，就派人来掠剑抢人，罗氏一家不愿

小龙潭风光

归敌方所用，双方进行一番厮杀，最后只有年近 20 岁的罗三一人逃出。身受重伤的罗三逃到百里之外的困嘎村，昏迷在草丛中，巧遇上山找野蘑菇回来的一个叫二妞的姑娘，见不远处还有人追来，敌方的人问二妞："看见一个受伤的男人没有？"二妞指着前方小路说："见到一个模糊的身影从那个方向跑了"。敌方的人走远后，二妞悄悄把罗三背回家中的柴房里藏起来，用家里仅有的一点米和蘑菇熬成一碗粥，慢慢地喂给罗三，不一会儿罗三醒来后强撑着要继续逃命。二妞告诉他："追杀他的人走远了，就在这里养好伤后再走。"后来二妞家人知道罗三一家的遭遇后，就劝说罗三留下来。身材婀娜多姿的二妞，是方圆几十里的美女，唱起歌来十分动听。康复后的罗三英俊潇洒，体格强壮，有一身绝世武功。二妞带着罗三一起上山采蘑菇、打柴割草，日久生情，二妞一家人也特别喜欢罗三，就让罗三做上门女婿。

小龙潭风光

小龙潭风光

后来罗三重操祖传手艺，但不再铸造兵器，只打民用刀具。二妞有了身孕，一般人十月怀胎，可二妞怀胎十二个月，

小龙潭古遗址

终于在龙年龙月龙日生下一对双胞胎女儿，就取名大龙和小龙。大龙和小龙从小聪慧过人，美丽端庄，人们都说是仙人下凡，长大后"二龙"不仅有超人的慧眼，还跟父亲学会了一身好武艺。罗三把隐藏多年的"罗氏剑法"全部传授给了两个女儿。

后来澜沧江岸长期受到一群猛虎的祸害，不知多少人死于虎口之下。长得亭亭玉立的大龙和小龙，在一个雷电交加的夜晚决心铲除当地虎患。姐妹俩杀死几头老虎后已是筋疲力尽，但虎王一直向澜沧江方向逃跑，恐放虎归山后患无穷，两人追到江边总算揪住虎尾巴，虎王一下冲进江中，在江中一场苦斗后，二人和虎王都消失在滔滔江水中。

天亮后村民只见村前出现一个很大的水潭，水潭边有几具老虎的尸首。罗三和二妞找不到大龙和小龙，知道一定是这姐妹俩为民除害，就顺着打斗的痕迹一直找到江边，全村人沿江找了几天都没找到。神奇的是就在那个夜晚，在相距十余里的仓文村也出现一个更大的龙潭。二妞和罗三夫妻两人找不到女儿，天天站在家后山看着远方，因思女过度不久两人站在那里逝去，化作一对高高的夫妻石。

大龙和小龙杀死害人的老虎后，转世变为两条龙，感动了观音菩萨，就形成两个龙潭让她们安家，同时在龙潭后山降下一个数吨重的石老虎，以镇虎患。在山上的一个石头上留下两个足印，当地人称"仙人足"。当地人为感激大龙和小龙，就把仓文的龙潭称为大龙潭，困嘎的龙潭称为小龙潭，并在小龙潭附近建了观音庙，四面八方的人们都来烧香祈福。

在清代晚期，一个叫苏三宝的人从楚雄州双柏县流落到景东县嘎里（今文玉村），经过一番拼搏，因有战功被清廷封予"单眼花翎"的四品衔，但因其不识字，没有去做官，朝廷就封予土地，他便成为独霸一方的土豪，人称"苏三大人"。苏三大人常因思念家乡，又不能回去，经常来到小龙潭后山海拔2300米的山顶上，遥望家乡，烧香祭祖。还有传说大龙和小龙安民四方的故事深深感动了他，他对观音菩萨很是虔诚，请来匠人在观音庙修筑了一堵讲究的照壁。可惜在"破四旧"中被破坏，如今，照壁和观音庙只剩下依稀可见的残垣断壁。

还有传说，在小龙潭隔澜沧江相望的临沧市大雪山上，住着一大户人家，每到黑夜时总看到对岸很远的地方发出紫色光。他们知道发

小龙潭古遗址

光处定是个风水宝地，就请来一个风水先生一起去找发出紫色光的地方，最后找到是小龙潭边的石老虎的眼睛在发光。知道这里是个难得的宝地，这村里人若不发财就会出大官，就让风水先生出个馊主意来"破风水"，对小龙潭周边的村民讲："小龙潭水太深太多，龙潭虎穴，龙潭太大，虎穴太小，所以石老虎将发怒。若不把龙潭水放了，这里将会发生灾祸，龙潭水放了还可开田种粮。"村民们信以为真，就组织男女老幼挖了很久，挖开一条深沟把水排干。在挖沟时还挖出泥人泥马——一个小泥人准备跨上马背。而小龙潭的出水口有个深不见底的洞，传说是大龙和小龙往来的通道。后来龙潭村周边的人就渐渐衰落下去。直到1958年永秀人民公社派人去修小坝塘，用石条做了个拦水坝，可水怎么也满不起来。包干到户时又把水放了，把小龙潭给分了，有的种粮，有的种菜。

大朝山东镇的小龙潭不仅有非常奇妙的故事，自然风光及人文景观也是非常之美，村庄也很古朴。在未来乡村振兴中将按乡村旅游的标准进行规划，使高山小湖泊重新碧波荡漾，请回传说中的"小龙女"，重塑小龙潭神韵，让石老虎发威，铁匠房里砍刀变宝刀。

小龙潭石虎

（七）科伍山依托茶叶奔小康

科伍山古茶园

科伍山属大朝山东镇大驮村的一支山，科伍山原名科武山。相传，过去大驮街一带的文化相对落后，到清代乾隆年间，科伍山来了一位行走江湖的习武之人，在这里娶了一个本地媳妇，结婚后给子女传授武术。大儿子后来参加朝廷举行的武举考试，在童试中考为武秀才，这在当地是有史以来的第一个秀才，就把这座山改名为科武山，对武秀才寄予厚望，希望其步步高升造福一方。但几十年后武秀才的仕途没有任何进展，反而成了为害一方的恶人，人们很是失望，就把科武山改名为科伍山。

科伍山导航塔遗址

科伍山距离镇政府驻地大驮街8千米左右，海拔1900～2200米，绵延数里，有冯家、上科伍、下科伍、大龙潭等小组。以前，科伍山属高寒贫困山区，粮食作物生长慢、产量低，当地种植一种草籽作物，叫"稗子"，可食用、酿酒等。有一首民谣"有妞别嫁科伍山，草籽烂饭芭蕉汤，来个客人加瓢汤，皮条背索作嫁妆"，可形容科伍山的贫困。

但是，到20世纪80年代科伍山开始摘掉贫困的帽子，从1986—1990年的5年间，当时的永秀乡大力发展茶产业，发动群众开垦种植了4000余亩茶地，成为永秀乡连片最壮观的茶园。如今一条四级公路经过科伍山，茶农盖起了别墅、新房，普通人家购买了小汽车，曾经的民谣改为"有妞要嫁科伍山，茶叶致富奔小康，来了客

科伍山风光

科伍山晚霞

人吃大餐，汽车摩托做嫁妆"。当地致富带头人王元光回到科伍山建设"汇达茶庄园"，带动地方茶叶与旅游融合发展，成为景东投资最大的茶厂之一。

汇达茶庄园的后山有一个叫马鹿塘的地方，四面被青山环抱，山间形成两个相距几十米的沼泽湿地，大的占地一亩有余，小的占地不到半亩，过去人们经常看到一对马鹿到此饮水，就叫它马鹿塘，也把这两个山间湿地称为公鹿塘和母鹿塘。马鹿塘不远处有个平掌垭口，是个天然草坪，科伍山人每逢重大节日都会到这里赶集、赶庙会。古代从大理，经保甸—景福—大驮—振太—景谷—版纳等地的刊木古道经过平掌垭口，这里也成为马帮放稍的地方。

从民国政府成立到抗日战争时期，为运送抗日援华物资，保卫大西南，在云南一共建了 52 个机场，当时的云南省只有 1000 多万人口，云南有如此多的机场在当时属世界之最。其中有一条航线经过科伍山，在距离汇达茶庄园近 1 千米的山顶上，民国政府在此建了一个导航塔，当地人称它为"三脚塔"，塔是用木头搭建，高数十米，塔顶安放有会反光的铁皮、镜子等东西，来指引飞机飞行。今天"三脚塔"已不在，只留塔基中央的石桩，石桩中心镶嵌着一个直径 10 厘米左右的大理石圆心，上面刻有"总参谋部测绘局"的字样。

十三、苏三宝轶事

苏三宝老衙门旧址

历史文化名城景东，文化底蕴厚重，人杰地灵。在澜沧江畔，长发山下有一个叫戛里的地方，在清朝晚期出了一个特殊的人物，当地人都称苏三大人，苏宅叫"老衙门"。一百多年来，苏三大人的故事争相流传，对其却是褒贬不一。

（一）草根苏三宝

苏三大人原名苏三宝，1829 年出生在楚雄州双柏县大庄镇的一个汉族农民家庭。当地居民以汉族、彝族为主，一般的人家给孩子起小名，男孩习惯叫阿宝，女孩叫阿妞。苏三宝祖辈是以租地主田地耕种为生，苏三宝共有兄弟姊妹七人，因为生活过得很是艰难，兄妹 7 人中有 3 个没有成年就夭折了。一贫如洗的家庭，孩子没有机会上学，也没有给孩子起一个正式的名字，只是孩子大了在小名的前面加上姓氏，苏大宝、苏二宝、苏三宝。

双柏县大庄镇苏姓是大姓，自古是一个存粮、屯兵、锻造兵器的重镇，如今还有个叫点兵台跑马道的地方，这里从善习武，历史上出过一些武将，苏斯洋（1825—1873 年）被清同治皇帝赐予"义勇巴图鲁"的匾，今保存于双柏县文化馆。

苏三宝的父亲叫苏槐，是当地苏氏宗族苏那怀的第十四代。苏三宝自幼跟随武教头苏翘习武并做马夫，练就一身好武功，在十五六岁时与当地有势力的人结了仇，被迫逃离大庄。后来苏三宝在景东落脚，回家接走父母亲、哥弟及一个哑巴妹妹，在大庄当地也就没有留下更多有关苏三宝家的信息。

（二）陶府治下的戛里

景东在明清两代都由陶氏土司管辖，1435 年在无量山以西地区成立保甸巡检司，管辖范围包括今天的景东县漫湾、林街、曼等、景福、大朝山东镇及镇沅县的勐大等山区。如今的大朝山东镇历史上叫永秀乡，而永秀乡政府驻地在大驮街。在澜沧江以东的一个地方叫戛里，戛里为当地少数民族语"山旮旯"的意思。清朝晚期在戛里村发现了铜矿，并在此建厂开炼，四处招收矿工。戛里也渐渐热闹起来，形成集市，叫小厂街，1949 年 10 月后改为文玉村。

（三）"红白旗之乱"

清朝后期吏治腐败，社会矛盾激化，对回族实行空前的高压政策，民族矛盾日益严重。清代咸丰、同治年间，滇西广大地区爆发轰轰烈烈的农民运动，有咸丰六年（1856 年）杜文秀领导的滇西回民起义，李文学领导的无量山、哀牢山的彝族农民起义，田政领导的哀牢山区的哈尼族农民起义等。当时的起义军没有统一的领导和政治纲领，各自为政，因为回民崇尚白色，起义军举白色大旗，所以回民起义军被统称"白旗军"；彝族、哈尼族崇尚火红色，起义军举红色大旗，称为"红旗军"。直到同治十一年（1872 年）义军大部被清军镇压，历时长达 16 年之久，史称"红白旗之乱"。"红白旗之乱"期间，景东县城是义军和官军数次争夺、反复易手的要地，几次拉锯式的战斗，使景东这座历史古城损毁严重，许多村寨被焚毁、村民被屠杀。

苏三宝军营遗址

苏三宝军营遗址

景东历史上各民族居住形成这样一个特征：大的几个坝子，如川河坝、者干坝、保甸坝住民以傣族、汉族为主；小一点的坝子、河谷如安乐、林街、小门坎、文玉、盲硝营等地的住民以汉族、回族为主；彝族、哈尼族、布朗族等民族多居住在无量山、哀牢山的山区。

以陶氏为核心的傣族统治阶层长期统治景东，回族、彝族、哈尼族、布朗族等少数民族久受压迫。在"红白旗之乱"中义军把怒火喷向陶氏知府，放火焚烧了陶氏府第，四处追杀傣族人，从此终结了傣族"陶府"家族对景东长达五百余年的统治。长期生活在景东的傣族人被迫逃迁到景谷、西双版纳，甚至泰国、老挝、缅甸等地，致使景东后来基本没有傣族。如今还有许多泰国、老挝、缅甸等地的傣族人回到景东寻根问祖。

大扁山古炮台遗址

榕树林

（四）戛里风云

苏三宝十五六岁时，逃难来到景东卖工度日，后来落脚到戛里铜矿挖矿炼铜做苦工。几年后苏三宝从大庄接来父母兄妹落户戛里，三宝和四宝两人在矿上做工，小弟跟随父亲到镇沅按板镇以贩盐为业。一家人一起住在戛里河边的几间草棚里。一天晚上，苏母看到不远处的水磨房里发出两道奇异的光。第二天一早去看只见睡着一位衣着破烂的女子，原来是个要饭的哑巴。苏母见这女子虽然是个哑巴，但眉目清秀，像一个有福之人。就说："三宝啊，咱们家里穷娶不起媳妇，要不就把她留下来做媳妇吧。"就这样苏三宝捡了一个无名无姓的老婆，第二年就生了一个儿子。

原本只想娶妻生子，在矿上凭一身力气过平淡的一生。但一场轰轰烈烈的农民起义把他卷入其中，从此改变了他的命运。1856年杜文秀领导的回民起义也波及了戛里村。戛里村的玉学、回营、小厂街、盲哨营等几个回族寨子，在头人马镇东的带领下也举起了起义大旗，义军男女老少有近千人之众。当时已是2个孩子父亲的苏三宝，看到声势浩大的起义很快就打下了大驮街、紫马街等地，且起义农民分到了不少财物，这让家里一贫如洗的苏三宝看了很是心动，但起义的都是回族人，自己是汉族，不知义军会不会吸收自己。

马镇东凯旋回到玉学村的家里时，年近30岁的苏三宝就提着大刀去投奔。当马镇东知道苏三宝有一身好武功时，就爽快地答应并让他当了自己的马夫。在多次战斗中苏三宝作战勇猛，让敌人闻风丧胆。不久义军横扫了大半个西区，马镇东被杜文秀封为大将军，苏三宝提为副将。马镇东为了笼络人才，把自己的女儿嫁给苏三宝做小老婆，苏三宝做了马镇东的乘龙快婿，并随了回教。

1862年秋，势如破竹的杜文秀派大司马杨德明、大司勋米映山、大司政刘成暨、明阳锁等将军统领五万大军（号称十万），绕道无量山以西，翻越无量山，欲攻景东县城。马镇东派副将苏三宝率部近千人参战，从文井、清凉方向进攻。苏三宝在跟景东陶府的傣族军队作战中，作战勇敢，杀敌无数，战功卓著。战后向上禀报了苏三宝的功绩，大理政权的"总统兵马大元帅"杜文秀授予苏三宝为"征东大将军"，驻兵戛里，并兼戛里铜矿头领。因为杜文秀起义就是回族人与汉族人之间银矿之争引起的，他深知矿厂的重要。

澜沧山的戛里渡

（五）兵变夺取

马镇东大将军屯兵大驮街，苏三宝被授为"征东大将军"后在戛里屯兵，与大驮街的马将军相距近30千米。他在戛里铜矿厂上面的水井村选择了一个平整的地方定居、屯兵。有了大本营后的苏三宝开始大规模地招兵买马，势力逐渐扩大。当地壮年回民大多跟随了马大将军，苏三宝只能在当地找汉族、彝族人当义军，不久其队伍人数就超过了马大将军。

后来几年，起义军和清军双方多次开战，相互屠杀，陶府的傣族兵败后逃走，代表朝廷作战的多是汉族人。苏三宝渐渐发现交战的双方都是汉族同胞，成了自己人杀自己人，后来他就很少出兵参战，而是雄居一隅，养精蓄锐。由于清军的反攻，杜文秀等人领导的义军节节败退。马镇东带残部退回到老家玉学、回营一带驻扎，离戛里苏三宝驻地不到5千米。苏三宝为全部掌握戛里起义队伍大权，在义军中培植亲信，拉帮结派，马镇东发觉苏三宝有野心，欲将其斩首。

马镇东的一个部下叫匡玉贵，是昔日苏三宝的亲信。一日，悄悄来告诉他，说："昨夜，听到马将军在商议要除掉你。你必提防。"第二天，苏三宝让苏马氏带着东西去玉学看望父亲，苏马氏回来后说："明日，父亲要来看望你。"苏三宝说："那我明早去半道迎接。"并借此设计了一套先下手为强的计划。

一早苏三宝在戛里小河的桥头埋伏好众兵，远远看见老丈人骑着枣红大马，带着随从迎面而来。就派一人装作村民，怀抱着一只大阉鸡跪伏在桥头，以献鸡为名趁机刺杀马镇东。马镇东不知是计，下马走过桥接鸡，此人从公鸡翅膀下面拔出匕首刺向其腹部，桥头埋伏的苏三宝部冲出杀死马镇东，降服了随从，接着到了回营、玉学寨子让其所有部属投降归顺，夺取了马镇东部的军权。

回营旧址

（六）册封的"苏三大人"

苏三宝完全夺取了马镇东义军的领导权后，清军派人招抚苏三宝，要他投靠大清，并给予高官厚禄的承诺。苏三宝眼看义军大势已去，为了保全自己，就答应投靠大清。苏三宝与谋事匡玉贵一起前往昆明，苏三宝被清廷封为"义勇正图董"，并赏花翎副将军衔。

清朝的花翎就是孔雀的翎毛，再配上马尾，直接插入顶珠下面的翎管里。花翎只限于王公贝勒和四品以上的各级文武官员佩戴，离职即摘除。花翎有单眼、双眼、三眼（"眼"即孔雀翎毛上的圆花纹）之别，除贝子、固伦、额驸因其爵位戴三眼花翎，镇国公、辅国公、和硕额驸戴双眼花翎外，品官须奉特赏始得戴用，一般为单眼花翎。所以朝廷封苏三宝为"花翎副将军"，理论上说应该是四品官级。

苏三宝种植的昔归古茶园　　　　　　　苏三宝种植的长发古茶园

苏三宝从昆明回到永秀后，受朝廷之命，宣布戛里一带的回民只要归顺大清，不再信仰回教，就免除其罪。但大多数回民誓死不从，一场残酷的屠杀开始了，有一部分回民逃往景福、林街一带，一部分回民被追到回营村下面的箐沟里被杀。相距近 20 千米的盲哨营村是个回民寨子，一部分回民在村口的干沟被围杀，最后十几个回民义军骨干坚持抵抗，被抓后扔进文笑河的一个深塘里溺死。这些当年杀回民的地方，今天的名字也与其有关。

苏三宝四处追杀永秀、里崴、景福、曼等一带回民，部分幸存的回民被迫逃到了林街，林街聚集了数千回民。苏三宝见势不妙只能撤回戛里。接着永昌府（现临沧、保山等地）派人来求援，请求出兵参加平息云州（今云县）一带的地方叛乱。后来晚清政府也采取了一些抚慰政策，结束了"红白旗之乱"。自"红白旗之乱"后，景东就基本没有了傣族，回族也仅在林街、保甸、安乐三个回族村寨保存至今。

苏三宝有平叛之功，朝廷封他为四品的"花翎副将军"，但因其没有文化不愿到外地任职，朝廷只能摘去花翎，另封为"苏三大人"，安居戛里，可享受一些特殊待遇。之后 40 年间苏三宝成为称雄一方的"土皇帝"。

（七）另类的老衙门

苏三宝雄踞戛里后，山高皇帝远，因其官级高于地方县令，成为景东不管、云州（云县）不管的两不管地区。其管辖范围为永秀乡全部，曼等、景福、里崴等地，不向朝廷交税、纳贡，成为一个独立小王国。其势力范围遍及镇沅县的振太、

苏三宝老衙门木窗

苏三宝老衙门旧址

苏三宝老衙门旧址

勐大，景谷县的民乐、小景谷，翔临区的昔归及平村等地，面积近1万平方千米，成为景东县内无量山以西、澜沧江两岸的豪强。他请来法国人在管辖区内探矿，扩建戛里铜矿；到镇沅开盐井；在昔归、大驮村、长发村开种了1000多亩茶园。有多个马帮来往于各地，使小厂街货物充裕，生意兴隆；把铜矿、食盐、茶叶等生意做到景东、临沧、云县等地，还在景东、云县置有房产、店铺；开办水阁学堂，让戛里的孩子可以上学。苏三宝的收入可谓月进斗银，富甲一方，名震景东。

为了巩固政权，他还在地势险要的西、东、南三面环澜沧江的大尖山、大扁山一带建碉筑堡，自制土炮，设了6个营寨，拥兵自重。在戛里和得龙修建新旧两个衙门；在距离老衙门1千米的长发山半山腰上设总兵营；在澜沧江与戛里河交汇处建立望江亭；在澜沧江上开设渡船口控制两岸往来。

有了"苏三大人"的封号后，苏三宝琢磨着，这"大人"的居住、办公的地方，总得跟巡抚衙门一样气派，才配得上四品大员的身份。于是请来大师看地做法，大师看后说："这宅地背有靠山，较高，如太师椅的椅背；左右有两山缠护，如同太师椅的扶手；中央是居宅，如同椅子的座位；前有两条小河，属左青龙、右白虎的 太师椅宅地，这是方圆数百里难寻的风水宝地。"传说大师还做了法事，此地非苏氏后人不适定居。

苏三宝在水井村开始大兴土木，在管辖地派工派款，从外地请来工匠建设他的"老衙门"。玉学村有专门烧制砖瓦的工匠，建房用的很多石材要从几十千米以外打制成形后背回来。几年下来，一座四合五天井、走马转格、雕梁画栋的宏伟建筑就基本成型了，其艺术风格、做工之精细，在当地堪称一绝。他还专门从大理剑川请来工匠，精心建盖了一座花厅，花厅的每一根木头、门窗都雕刻上各种鸟兽、花草等，样样栩栩如生，金碧辉煌。造价是以所用材料上锯凿雕刻出来的木渣、碎末的重量，一斤木渣一两银子进行结算的。

由于"老衙门"地势不是很平坦，房子建筑时依山就势，都是两层结构，有上百间房。内围建筑办公、接待和长辈住用；中间一围建筑为子孙、管家、家兵居住；外围建筑以佣人、仓库、猪栏、马舍、鸡圈之类使用。整个"老衙门"的主家有数十口人，加上家兵、佣人等，共有上百人生活在里面。里面设有议事厅、审判厅等，俨然就是一座小衙门，是何等的气派。与"老衙门"相距 300 米左右的水阁梁子建了一个小四合院做私塾学堂，1949 年 10 月后搬迁到小厂街，也就是文玉学校的前身，现在遗址还在。

1949 年 10 月以后，"老衙门"里还住着 8 户人家，文玉村公所、粮管所、供销社等设在那里。后来住在里面的非苏三宝后人都相继绝户，在里面上班的人也不敢久居，都把房子拆了搬走重建。其中村公所拆迁了两栋 16 间的转阁楼，粮管所拆迁了一栋 14 间的阁楼，学校拆迁了 4 栋共 44 间的阁楼，供销社拆迁了二栋共 16 间的阁楼，食品站拆迁了二栋共 16 间的阁楼。原来的"老衙门"只剩下大门、花厅、正房、两栋横房等。正房成了生产队的仓房，大门、花厅、横房给苏氏后人居住。1983 年景东县修缮文庙的时候，左边钟鼓楼的两合门就是从"老衙门"的花厅里拆来的，属于双层复式木雕，为云南省目前发现的最高工艺的木雕作品之一。

（八）不肖之子闯大祸

受朝廷加封的苏三宝，独霸一方，以追求银子、房子、妻子为目标。苏三宝一生共娶了 7 个老婆，大太太生了 3 个儿子，2 个女儿；二太太马氏生了 1 个儿子，2 个女儿 ……总之苏三宝一共有 20 个儿女。其中马氏所生的苏三少爷，自幼娇生惯养，长大后成为一个无恶不作的恶少，让苏三宝奈何不得。

"老衙门"重点工程花厅建盖了2年才结束，苏三宝很满意地将银子如数兑现给了匠人。匠人走的那天早上，苏三宝亲自到大门口送走了匠人之后，回到新居高兴地欣赏着。突然他问身边的夫人："老三和几个家丁怎么一直没见，他们上哪里去了？"夫人回答说："不晓得。"中午之后才见几个家丁神情慌张地出现。苏三宝就叫来一个叫王三的审问了一顿，才明白怎么回事。原来，那7个匠人背着银子出家门后，三少爷就带了十几个家丁抄小路提前埋伏在岔河潭木桥边，把匠人杀了，扔进岔河潭里，抢回了银子。苏三宝听了气得一句话也说不出来，心情沉重地对天深深叹了口气。之后，问："那浑小子在哪里？"王三回答道："拿了一袋银子去云州了。"良久，迈着沉重的步子，当他走到院心，慢慢转身对跟在后面的马氏夫人和领头的家丁说："你们说这房屋建造得好不好啊？"马氏夫人和领头的家丁异口同声地回答："很好啊！大人真是有福啊。"苏三宝伤感地说道："只可惜，这建造房子的能工巧匠被不肖之子杀了！天罪啊！他们全家老小一定在盼望着他们回家，这良心怎么对得住啊？"

苏三宝老衙门精美木刻

传说，匠人的师傅头天晚上梦兆不好。在快到河边时，他突然肚子疼，要到林子里方便一下，就让6个徒弟先过河，让在河对岸等他，没有想到就一会儿工夫，6个徒弟就被人杀了。他不敢再走这条路，悄悄绕路回到大理剑川老家，把过程告诉家人，不几天也去世了。那些被杀木匠的家人就联合向景东知县告状，未果。后来又向云南巡抚告状，也没有什么结果。

（九）灭门之灾

1911 年发生了辛亥革命，推翻了统治两千多年的封建君主专制制度。1911 年 10 月，辛亥云南重九起义，11 月 3 日建立云南省军政府，举蔡锷为都督。同年 11 月，景东宣布光复，军政府委派保山举人林春华为景东县知事，处理军政事务，安抚民心。

那时，云南到处兵荒马乱，各地军阀、乡绅都在为自己的利益着想。民国政府刚刚成立，各地也成立了新军。各地军政府为了俘获人心，要惩治一批地方烈强、豪绅，同时获得更多的金钱，购枪买马、扩充势力。此时，苏三宝隐居戛里已经 40 余年，成为景东数一数二的富豪。

在清朝统治时期，尽管苏三宝父子在乡里经常胡作非为，触动了当地政府及豪绅的利益，曾在"为民除害"口号下联合起来对其进剿，但终因苏三宝占据险要地势，进剿以失败告终。

《景东县志》载，民国元年（1912 年），景东西区名绅吴酉山、刘方成等人联名控告苏三宝。林春华即上书省城，列罪控告苏三宝。军政府派遣驻滇西大理绥靖军第四团，由四队长张定甲，节制国民帮带张世梁统兵，协同景东知县林春华带领的府兵同往进剿。同年 9 月 15 日，进剿军用重金收买苏三宝家丁用水灌湿苏家土炮，并兵分四路夹攻观音寺、得龙、火烧天、鲁家村、白竹林各匪营。因苏三宝土炮无法打响，一战即打下苏三宝老巢，并将已 83 岁的苏三宝打死在白竹林。第二天，进剿军拿下苏三宝最后一个营寨干龙潭，杀尽苏三宝残部。从而结束了苏三宝占山为王 40 余年历史。

据说，林春华曾两次派景东新军攻打"老衙门"都失利。后联合大理绥靖军共 800 余人攻打才攻下。还采用了里应外合的策略，重金收买家丁做内应，把炮台的火药用水浇湿，使大炮失灵。当时一个为"老衙门"放牛的家丁，一天把挂在牛脖子上的银铃铛弄丢，苏三少爷说是他偷了，就把放牛的家丁手指剁了一个。那个家丁就怀恨在心，做了内应。

一个秋日的早上，戛里天气开始回冷，苏三宝在院子锻炼，突然，一个家丁气喘吁吁地跑到苏三宝跟前道："大人，发现有多队官兵从四方来袭。"苏三宝马上召集家丁部署反击。一会儿，家丁慌忙跑来报告说："周围各炮台都被人用水浇了，发不出炮弹了。"只能短兵相接，全家男人、家丁拿出土枪抵抗，官兵依靠人数众多，装备精良，又里应外合，不久苏三宝就抵挡不住了。家人让苏三宝快跑，在临走前，他告诉家人和佣人说："看来这次完了，你们能跑的也带上银子跑吧。"苏三宝带着马氏夫人赶紧从后门跑出，躲在隔壁的大榕树下。终因寡不敌众，中午官兵已经占领"老衙门"，只听到一片厮杀声、哭喊声。

"老衙门"的成年男人大多已经战死。官兵占领"老衙门"后，把家丁放走。"老衙门"的男人站在一个院子，女人关在一个院子。清理人数时，只见少了苏三宝、马氏夫人、六少爷和二少爷的小媳妇及不满周岁的儿子。官兵为了斩草除根，把所有男人枪杀，小男孩一个个被活活的摔死。只把几个女人留下，因为官兵在出发前，景东的程三老爷等豪绅央求林春华知事说："我们的女儿在那里，请大人手下留情。"当时大少爷有一个20多岁的疯儿子，家里遭遇灾祸还在傻傻地笑，官兵看了就没有下手。二少爷的小媳妇及不满周岁的儿子当天回娘家逃过一劫。六少爷当时在云县做生意，后来得到报信赶了回来，在渡过澜沧江昔归渡口后被埋伏在那里的人给杀了。

当时83岁的苏三宝赤着脚，带着马氏夫人在大榕树根下躲到晚上，悄悄逃上长发山的白竹林，在一个悬崖上马氏夫人不小心掉下悬崖摔死了。第二天下午，三个搜山的来到了苏三宝躲藏的地方，苏三宝拿出火药手枪开了一枪，枪没有发出去，而被追兵发现后抓住砍了头。

传说，苏三宝自幼不穿鞋子，时常把香油涂脚上在火塘边烤，脚底长了一层厚厚的老茧，一般的竹箭之类的东西是刺不进去的。

追兵砍下了苏三宝的首级，回到景东城。把苏三宝的首级挂在景东县城过街楼上示众了三天。官兵从"老衙门"搜到的金银财宝、绫罗绸缎等财物有数百挑之多，后来，用一大石板制作成"景东直隶军民府剿苏三宝碑"立于昔归渡口东岸的大田山河口。1984年在文物普查时，当地村干部带领文物专家黄桂枢老师去查看，后运回景东，现存于景东文庙。

（十）平冤昭雪

苏三宝的大孙子娶了景东程三老爷家的大小姐，苏程两家结亲也可谓门当户对。苏程氏自幼知书达礼，长得婀娜多姿，成人后许配给苏家。虽然相距150千米，心里有些不愿，但父母之约难违，也就顺从地做了苏三宝的孙媳妇。到苏家后生了4个孩子，3个男孩当时被杀，只留下一个未成年的女儿。程三老爷是景东名人程含章的后人。

苏三宝家遭难后，程氏带着女儿回到景东，卖了苏家景东的房产，在程家人的资助、陪同下到昆明申冤，几经周折诉状送到了时任云南军政府都督的蔡锷手里。据说最后蔡锷给的判决为："苏三宝父子为害乡里几十年，可杀，但不至满门抄斩。人死不能复生，钱财无法讨回。房屋、田地等可追回之物尽归还其后人。"

程氏带着苏三宝的头颅回到"老衙门"，在山上拾回几根马氏夫人的遗骨，在"老衙门"后山选了个地方，把苏三宝和马氏夫人合葬了，还筑了一座大墓。大墓在1958年大炼钢铜铁的时候，石条被抬去建炼铜的炉子去了，至今只留下一个大土堆。

关于苏三宝的故事在景东民间流传很广，他本人的传说大多是正面的，而他的二夫人马氏（马镇东之女）及马氏所生苏三少爷的负面故事很多。

在景东有关苏三宝的历史记录非常有限，基本上是采用民国初年景东县知事林春华的"景东直隶军民府剿苏三宝碑"及他本人记录资料整理的。由于林春华是当时剿苏三宝的当事人、指挥者和历史的记录者，其客观性也值得商榷。

如记录："同年9月15日，进剿军用重金收买苏三宝家丁用水灌湿苏家土炮，并分兵四路夹攻观音寺、得龙、火烧天、鲁家村、白竹林各匪营，因苏三宝土炮无法打响。"以上五个匪营炮台都相距"老衙门"5～20千米地，其中4个匪营炮台与"老衙门"间可以说是烟炊不相见，鸡鸣狗吠不相闻，有多层山相隔。那些炮台更多只是象征性，看守炮台的后人至今还定居在那里。突然攻打"老衙门"时不可能来增援。家丁用水灌湿苏家土炮导致失灵的记录，只可能是"老衙门"附近的土炮。

如果苏三宝是个十恶不赦的人，为什么蔡锷会改判被"满门抄斩"的苏三宝，将其房屋、田地等可追回之物归还苏三宝家的幸存者呢？

还有如记载："为骗取外地工匠为他效劳，许诺以锯、凿和雕刻下来的木渣计量给予等量的银两，完工后，这些匠役拿着所得的银两喜滋滋的返乡。殊不知苏三宝已派人暗伏途中，夺回银两，将工匠全部杀死。"懂一点常识的人都知道，建那么大的"老衙门"锯、凿和雕刻下来的木渣何止万斤，那银钱亦有万斤，几个木匠又怎能喜滋滋地背得回去呢？这些记载与民间传说有很大出入。

十四、"青龙文化"助推景东龙树村产业转型升级

2018 年 4 月 4 日下午，从景东县城驱车前往锦屏镇龙树村，行车 22 千米到了青龙湖水库。青龙湖库容 2000 万立方米，为景东最大的水库，刚建好，水只储了一半，但水库的景色很不错。沿水库边而上 3 千米，从村后上山 200 米，就进入原始森林，沿小路而上，路上不时被垂下的藤蔓、倒下的枯木所挡，向上攀行约 700米，发现一片茶园。王书记介绍："这片茶园是 20 世纪 60 年代大队办集体经济时开垦种植，面积 100 亩左右，当时叫龙树大队茶厂，后因交通不便被放荒，一度被树林覆盖。改革开放后，村里承包了多次又几度荒废，近年来才被重视开始有序管理。"

青龙潭风光

看完茶地，跟随王书记去看龙树林，龙树村因这个林子而得名。从青龙河而上，路弯曲而陡峭，沿途山地上种满了核桃树。王书记说："核桃树已种了近 20 年，刚进入盛产期，是村里的主业，但从 2017年后核桃价格一路下跌，每公斤鲜果从八九元跌到现在 2 元左右，只够支付摘果的费用。

几十年来核桃价格都在涨，核桃树成了摇钱树，过去宣传'一树吃几代'，农村盖房子、娶妻子、买车子都靠核桃。村民把园田园地都种满核桃，现在核桃不值钱了，核桃树下种粮食作物又不好，真不知怎么办！"

聊着聊着就到了王书记家，他家后就是龙树林，一片高大的树林与周边核桃树不一样，60 多棵大树聚在一起，面积有 15 亩左右，呈半圆形，与民房相连。树下停放着一辆耕地用的拖拉机，一大群鸡在落叶堆里翻找虫子。树林前有一个大池子，过去是村里的饮水池。王书记家住在村头。上到二楼房顶，可以看到这地势犹如一把椅子，前面是个面积百余亩的平地，几十亩成熟麦地，麦地与村子的中间有个长满水草的湿地，这风景实在是美！

这个湿地名叫青龙潭，青龙潭海拔 1700 米左右，占地 60 余亩，水深 2 米左右，清澈见底，因传说有一条青龙居住，故被称为青龙潭。

过去龙树林里常年有孔雀、白鹇、鸳鸯等鸟栖息，潭边有虎、豹、长臂猿等动物到此饮水，龙潭中还有几对鸳鸯会主动清理潭中的落叶，让水面保持干净。当地人因敬畏龙神，把龙潭作为禁地，所以龙潭周围的生态环境得到了很好地保护，为动植物提供了绝佳的栖息地。

青龙潭风光

居住在无量山的人们有祭龙的传统。人们为了祈求风调雨顺，事事平安，由当地头人祭司在每年农历四月初八进行"祭龙神"活动。村民们身着盛装，每家供奉祭品，吹着唢呐、长号，数百人首先祭拜龙树林，再围着龙潭祭拜龙王爷，整个仪式庄重而神秘。

龙树林如今已成为无量山数千个村寨中保存面积最大、最壮观的水源保护林，古树参天，神秘而隐蔽。即便是落下的树枝当地村民们也不敢带回家，数百年的敬畏与呵护成就了青龙山现在的良好生态环境。

遗憾的是20世纪50年代人们围湖造田，把龙潭水抽干大部分变成旱地，用来种植玉米、小麦等农作物。但仍有小部分的水潭怎么也抽不干，从而形成了一片湿地，长满丰盛的水草，还有高原特有的鲜花常年绽放着，成了无量山最独特的高山湿地。

在推进脱贫攻坚建设美丽乡村的进程中，当地政府挖掘传统"青龙文化"，努力改善当地交通条件，恢复"祭龙神"活动，形成以青龙湖水库、青龙潭、青龙古茶、青龙米酒、青龙火腿、青龙花果、青龙蔬菜等为一体的青龙传统文化之旅，探寻无量秘境。打造以长地山、帮崴山、黄草岭、青龙山等一批围绕景东县城周边的特色乡村旅游景区，为当地的特色旅游开辟出一条新路！

第二节 走进镇沅县

一、镇沅县简介

镇沅县城茶文化广场

镇沅彝族哈尼族拉祜族自治县是普洱市下辖县之一，位于云南省西南部，地处哀牢山和无量山之间，县城恩乐镇距省会昆明447千米。镇沅县总面积4136平方千米，共辖9个乡镇，2020年总人口为21.5万人，少数民族人口占总人口的53.7%。镇沅为傣语音译，意为"粮仓城"。

南诏国时设银生节度，统辖"勐谷"及其以南地区，"领有银生城、开南城、威远城、奉逸城、利润城、茫乃道、柳追和城、扑贩、通遗川、河普川、大银孔等地"。今镇沅县境属银生节度的柳追和城。

1254年，大蒙古国灭大理国。

1274年，元朝在大理国故地设云南等中书省，裁万户、千户、百户等军事辖区，设路、府、州、县等行政区，威楚万户改设威楚路。今镇沅县境属威楚路开南州、威远州。

1331年，元朝将威楚路所辖开南州、威远州析置景东军民府，今镇沅县境属景东军民府。

1355年，"勐卯弄"（麓川国）归附元朝，其控制区域设平缅宣慰司。今镇沅县境属平缅宣慰司"勐谷"地。

1384年，"勐卯弄"归附明朝，置麓川平缅宣慰司。今镇沅县境属麓川平缅宣慰司。

1399年，析麓川平缅宣慰使思伦法去世，"勐谷"傣族土目趁机脱离麓川平缅宣慰司，明朝复设景东府，但辖地比之前缩小。

1402年，析麓川平缅宣慰司地设镇沅州（今镇沅县按板镇及周边）。

1403年，析麓川平缅宣慰司地设者乐甸长官司（今镇沅县乐恩镇及周边）。

1406年，镇沅州升为镇沅府。今镇沅县境分属者乐甸长官司与镇沅府。

1412年，镇沅府东南增设禄谷长官司（今镇沅县古城乡与墨江县新抚乡），归镇沅土知府节制。

1659年，清军攻下云南后，仍沿明制设镇沅府、领禄谷长官司。

1727年，镇沅府世袭傣族土知府刀瀚被清廷逮捕，镇沅府改土归流；同年，镇沅府所辖禄谷长官司、云南行省所辖者乐甸长官司改土归流，辖地合设恩乐县，划属镇沅府。

1730年，清朝在行省之下设道，镇沅府属迤东道。

1735年，直隶威远厅降为散厅，划归镇沅府；镇沅府所辖坝朗、坝木、坝痴等地划予元江府。

1766年，镇沅府改属迤南道。

1770年，镇沅府降为镇沅州，直隶迤南道，原镇沅府所辖威远厅划归普洱府。

1840年，恩乐县、镇沅州合并为直隶镇沅厅（厅治恩乐县旧址），属迤南道。

1913年，民国政府改镇沅厅为镇沅县，属迤南道（先改滇南道、后改普洱道）。

1929年，民国政府裁道，县一级行政区由省府派出的行政督察专员管辖，镇沅县先后归第十二区、第十五区、第十区、第一区、第四区、第六区行政督察专员管辖。

镇沅县城茶文化广场

1950 年 3 月，镇沅县成立人民政府，隶属宁洱专区。

1951 年 4 月，宁洱专区改为普洱专区，镇沅县属普洱专区。

1953 年 3 月，普洱专区改为思茅专区，镇沅县属思茅专区。

1959 年 1 月，镇沅县新抚公社划归墨江县。

1960 年 9 月，裁撤镇沅县，辖地分别划归景谷县、景东县、墨江县、新平县。

1962 年 3 月，划归景谷县、景东县的原镇沅县辖地恢复镇沅县。

1970 年，思茅专区改为思茅地区，镇沅县属思茅地区。

1990 年，撤销镇沅县，设立镇沅彝族哈尼族拉祜族自治县。

2003 年，撤销思茅地区，设立地级思茅市，镇沅彝族哈尼族拉祜族自治县属思茅市。

2007 年，思茅市更名为普洱市，镇沅彝族哈尼族拉祜族自治县属地级普洱市。

镇沅县城一角

二、振太：从皇族隐藏之地到知名侨乡

振太镇位于镇沅县城西部，距县城 90 千米，全乡总面积 661 平方千米，辖 19 个村民委员会，308 个村民小组，总人口 3.6 万，有汉族、彝族、傣族、回族、蒙古族、哈尼族、拉祜族、苗族、白族、满族、傈僳族等 14 种民族杂居；境内最高海拔 2530 米，最低海拔 774 米，年平均气温 18～19℃，平均年降雨量 1470～1560 毫米；振太镇东接景东县，南接景谷县，西临临沧县，北与临沧市的临翔区隔江相望。1957 年 11 月，原景东县的振太、勐大、里崴划归镇沅县，振太历代都归属景东所辖，属景东银生文化圈。历史上振太的经济、文化中心在太和村紫马街，1984 年 9 月振太乡政府迁建紫云街。

振太镇太和村古井　　　　　　　　　　振太镇太和村围墙

20 世纪 80 年代，云南省文物部门组织对澜沧江两岸进行考古挖掘，在振太镇的秀山村庄房小组发掘到新石器时代的遗址，发现一件"有肩石斧"石器，具有较高的研究价值，距今 4000 年左右；在一江之隔的临沧市昔归也发现新石器时代的遗址。今天墨江到临沧的高速公路经过振太镇，澜沧江大桥的一端在秀山，另一端在昔归，这里成为人们拍照打卡的"网红"之地，成为一个风景区。

振太位于唐代南诏国时修建的刊木古道上，经过大理—巍山—南涧县公郎—景东县安召、保甸、景福、大驮、镇沅县振太—景谷、宁洱、思茅、江城、版纳等地。刊木古道是以南诏国国都大理为起点，连接银生节度的一条"国道"，后来在银生节度范围内增设开南节度，把今天的镇沅、景谷、宁洱、思茅、江城、景洪易武等地区划归开南节度，成为"节度中节度"的特区。唐代《蛮书》载："开南节度辖内有盐井一百来所。"古代，盐是国家专控商品，税收主要来源之一，而振太、小景谷、凤山等地的盐井分布较多。在唐、宋、元时期振太只是一个重要的官

府驿站，到明代升格为巡检司。

古代景东有记载的巡检司有公郎、保甸、三岔河、振太等，都设置在交通要道上。保甸巡检司设立于明朝宣德十年（1435 年），管辖范围今漫湾、林街、曼等、景福、大朝山等地区，保甸巡检司共存在了 420 多年。振太巡检司的设立时间应该稍在保甸巡检司之后，管辖范围为今天镇沅县的里崴、勐大、振太和景谷县的小景谷、凤山，负责着朝廷的盐税、关卡巡查、地方治安等事务，直到清雍正十年（1732 年）令废巡检司，改设县佐。

振太名字有史料记载的时间不太长，但作为刊木古道上的古驿站，这一定与南诏国早期的国都大理太和城有必然联系。相传这里当初不叫太和村，是刊木古道旁的一个荒山坡，最先设置的驿站也不在这里。南诏国亡国后，一支皇族后人来到这里，隐姓埋名，但带来不少金银珠宝，选择这个土地肥沃的地方定居，使用祖先的都城名字，称为太和。太和人隐藏有大量财富，开盐井、经商使这里的经济发展较快，慢慢地成为这一带的商贸中心，官府就把驿站迁到这里。太和人有重振南诏国之意而起名振太驿站，到后来才有振太巡检司的地方管理机构。

振太的紫马街在太和村，振太巡检司为繁荣商业，在太和村开街赶集，每逢属狗和属龙天赶集。相传，在开街的第一天，太和村晴空万里，突然一股紫气东来，一朵紫色云团慢慢形成一匹骏马形状，久久不散，后来太和村人就把这条街称为紫马街，从此紫马街成为方圆百里商贸中心。后来赶集的人多，就在一旁的荒草地上扩大集市，人们称草皮街。

振太自古就位于交通要道，商贸文化发达，在雍正十三年（1735 年）创办兴隆书院，为景东历史上的五大书院之一。在 1939 年创办了太和中学，为景东创办的第二所现代中学。振太人自古崇尚教育和经商，在中华人民共和国成立前有很多振太人在缅甸、老挝、泰国等地经商。目前，振太在东南亚国家和香港、澳门、台湾等地区旅居的华人华侨有 500 多人，振太成为知名"侨乡"。

太和村名人辈出。李恕庵是紫马街文化名人，他生于光绪二十六年（1900年），1920 年考入云南省立第一届地方自治研究所政治训练班，完成学业后返乡，于 1939 年创办了太和中学。

李英，紫马街人，1928 年考入云南省一中读书，后考入云南陆军讲武学堂，毕业后在滇军炮兵团任排长、连长和营长等要职，随滇军开赴抗日前线，参加过台儿庄战役，及保卫武汉、长沙等大战。抗日战争胜利后，内战爆发，他解甲归田，回振太从事农耕和经商,自谋生路。在中国人民解放军即将胜利时,中共思茅地区同意在振太组织"中国人民解放军滇、桂、黔边纵第九支队振太护乡团",李英被任命为团长,指挥追缴李希哲在景谷的叛乱,后又配合解放军37师,参与圈田街战役。1950年任景东县副县长。李英故居具有一定的人文和历史价值,2013年9月16日,被镇沅彝族哈尼族拉祜族自治县公布为县级文物保护单位。

振太的古道文化保留遗址较多。难搭桥位于镇沅县振太镇政府南面9千米的塘坊村南侧南达河上,建于清光绪六年(1880年)。此桥系昔日景东至镇沅及景谷的古驿道上,由于工程艰巨难搭而得名。桥建于景谷河支流上,两岸悬崖峭壁间,桥前有瓦房一间。桥为单孔石拱桥,高21米,长13米,宽3.3米,单孔跨度10米。桥东面有54.8米古道保护完好。此桥地势险要,石拱桥凌空飞架,甚为壮观,对研究古驿道、古桥梁文化具有较高的历史和艺术价值。还有保存完整的太和小河上的风雨桥,是普洱市内少有的古桥。古桥、古井成为太和古村落的重要组成部分。

太和紫马街古村落位于镇沅县西部的振太镇振太河北岸,是从刊木古道、盐茶古道、茶马古道等名称的演变中,经历千年的历史积淀,而发展建设成的古村落。是普洱市现今保存较完整、建设时间较早的古村落之一,由4个村民小组构成。虽然历史上紫马街曾多次被大火烧毁,但紫马街人坚守不弃地恢复重建,依然保留古朴的南诏建筑风格。目前被认定的古建筑为156户,都有百年的历史,其中有25户古宅依然保存着原始的状态。2014年被列入第三批中国传统村落名录。

振太镇难搭桥

三、打笋山古茶园的"皇族血统"

打笋山自然村隶属于云南省普洱市镇沅县振太镇山街村民委员会，位于镇政府西北面，距离山街村委会约 5 千米，距离镇政府约 26 千米，海拔 1800～2200 米，是一个群山环抱、景致优美的小山村。全村有 26 户人家，为梁、李、禹、罗、周五姓，其中梁姓人家最多。现有古茶园约 500 亩，生态茶园千余亩。现存古茶树树龄最大约 500 年，古茶树中树龄 200～300 年居多，但最早种茶历史可追溯到 1100 年前。

打笋山古茶园

打笋山古茶园

据打笋山《梁氏家谱》记载，清世祖顺治七年（1650 年），由于战乱，18 岁的梁仕君带着四个兄弟一并五人，从原籍江西省元江府二十一都安定市（现安定区）高桥柳树弯背井离乡、颠沛流离地逃难寻地谋生。到达四川时，就将二、三、四弟放在四川谋生，只带着最小的弟弟来到云南，最终来到景东辖地，得到好心人帮助，将小弟留置于景东清凉定居，老祖梁仕君一人来振太的焕习定居。清嘉庆三年（1798 年），梁仕君后裔梁朝凤，派族人到今打笋山后山放牧养马，繁衍生息，便成为今天打笋山的第一大姓人家。但在梁氏之前打笋山曾有神秘人居住过。故事只能从南诏国、大理国讲起。

897 年，南诏国清平官郑买嗣指使杨登杀死南诏国王隆舜，立舜化贞为王。902 年，郑买嗣起兵杀死舜化贞及南诏王族 800 余人，南诏灭亡，建立大长和国。

逃脱郑买嗣追杀的部分王族沿着刊木古道南逃，一路分散躲入深山，用装酸菜的陶罐藏财宝，其中一小部分人来到今天的打笋山。打笋山距离刊木古道上的山街驿站约 5 千米，茂密的森林是躲藏的好地方。在这原始森林里安家，更名换姓，藏匿财宝，开荒种地，就地取石头垒墙建房，从其他地方买来茶籽和竹子种植，渐渐在房子周围开地种粮、种茶、种竹等。

几十年后仇敌郑氏家族被灭，再后来段氏成立了大理国，段氏与南诏国王族自古交好，南诏国王族后裔就从打笋山搬迁20多千米，来到生存发展条件较好的太和村。因王族出逃时带出不少金银财宝，迁到太和村后开始购买良田、开办盐井，成为振太一带的富商，把原来种植在打笋山的茶叶让人采摘加工后年年进贡给大理国皇室。太和村人成为大理国时盐、茶、象牙、兽皮等重要商品的生产供货商，也使打笋山茶成为"大理国皇家茶园"。

打笋山古茶树　　　　　　　　　　　　　　打笋山古茶园

后来，由于战乱与古道的改变，交通不便，野兽出没经常伤害人，这地方有时有人居住，有时无人居住，因外面的人到那里去打竹笋，就称这地方为打笋山。直到清朝嘉庆年间梁氏到此养马才重新开发这里，但这里的很多大茶树此时已枯萎，梁氏陆续扩种茶树，也种植了不少核桃树等。在中华人民共和国成立时打笋山只有几户人家。

打笋山自然村海拔高、植被好、雨量充沛、土壤肥沃，地中石头较多，茶树多留养成藤条茶，茶叶具有独特的岩茶韵味，茶叶的香气辨识度高，滋味丰富，生津回甘好。今天镇沅县打造"八大爷"系列品牌，以"大理国皇家茶园"为核心的打笋山茶区位列其中，在当地政府的引导下，砍除茶园中的核桃树和花椒树，并计划套种一些樱桃树，使其变为春节期间开樱花，春茶发芽时摘樱桃果的花果山。因打笋山人组织隆重的祭茶祖仪式和拍卖"茶王茶后"的茶叶等活动，引起了茶界的高度关注。藏在深山中的打笋山具有悠久的历史文化，有极具优势的地形和自然环境，是镇沅县最美的茶山之一。

四、"五一"走进茶山箐

2021 年"5·1"一早，茶友段兴明到小区门口接我们，开始一天的探寻"普洱茶之旅"，镇沅县的知名古茶山只有茶山箐我们没有去过，计划着下半年要出书，要把茶山箐写入其中，因此目的地为茶山箐。

茶山箐古茶树

我们从普洱城区到宁洱县的梅子镇，因高速路隧道堵车，选择从宁洱县城到磨黑的老二级路绕行，十多年没有走这条老路，沿途风光感觉更美，平整的路面行车不多，但曾经这里车水马龙的塞车场景仍记忆犹新。顺利到达了梅子镇，稍作休息后开始走乡村小路，走了 8 千米左右到一个岔路口，一方通往宁洱县的梅子镇永胜村，另一方通往镇沅县的田坝乡民强村。

茶山箐古茶山核心区位于普洱市镇沅县田坝乡民强村委会范围内，属无量山东南麓支系，是红河水系与澜沧江水系的天然分水岭，处镇沅、景谷、宁洱三县的交界处。相邻是宁洱县梅子镇的罗东山，罗东山最高海拔 2851 米，是宁洱县的最高海拔点。罗东山东面是梅子镇的永胜村和建设村，据《走进茶树王国》一书记载："罗东山大茶树生长的海拔 2370 米，树的最大基部径围 3.4 米，树高 14.8 米，树幅 14.0 米×12.8 米，属大叶茶种的野生型古茶树。"目前为普洱市界内发现径围最粗大的野生型古茶树，这里有知名的干坝子高山湿地和摆尾箐古茶园。茶山箐古茶山南面便是景谷县的黄草坝古茶山，在这个区域里森林植被好，土壤肥沃，非常适于茶树的生长，也有多座知名古茶山。

茶山箐古茶山以民强村茶山箐小组而得名，辐射周边的民强、三合、联合 3 个村委会，现有茶园面积 3070 亩，连片的古茶园约 500 亩，其中最大的一株树干最大径围约 1.4 米，树高约 9 米，树龄 600 年左右；海拔 1600～1950 米，年平均气温 16℃，年降雨量 1400 毫米，属亚热带季风气候，冬无严寒、夏无酷暑，光照充足。茶山菁的茶条素黑亮，汤色金黄透亮，香气清雅，汤质饱满，野韵明显，杯底留香，有蜜香味，口感醇厚，苦涩味弱，回甘持久。

　　茶山菁为镇沅县重点打造的"八大爷"之一，茶山菁距离镇沅县城 120 多千米，距离田坝乡 40 多千米，是镇沅县最边远的古茶山。在古茶树未兴起之前，茶山菁可谓山高路远，非常闭塞落后。如今的茶山菁道路虽然狭窄，但都是水泥路面，有十余家茶叶初制所入驻这里，常有外地车辆、茶商出入，使深山不再寂寞，茶农也因茶脱贫致富。

茶山菁古茶园

第三节　走进景谷

景谷树包塔

一、景谷县简介

景谷傣族彝族自治县隶属于云南省普洱市，位于云南省西南部，普洱市中部偏西，东与宁洱县接壤，南以威远江和小黑江为界同思茅区和宁洱县一水相连，西沿澜沧江与澜沧县及临沧市临翔区、双江县隔江相望，北和镇沅县相毗邻。县人民政府驻地威远镇，距普洱市130千米、昆明市466千米。全县国土面积7777平方千米，有10个乡镇，2020年总人口30.08万人。景谷县属横断山脉无量山系的南段，境内山地、高原、盆地相间分布，最高海拔2920米，最低海拔813米，年降水量为1350毫米。

景谷古称"勐卧"地，傣语"勐"为地方，"卧"为井，意为"有盐井的地方"。"威远"系"卧允"的译音，意为盐井城。以穿城而过的景谷江（威远江）得名。

20世纪80年代，在正兴等乡（镇）发现很多新石器时代的文物，证明三四千年前景谷这块土地上就有人类生存。

西汉元封二年（前 109 年），今景谷县境为益州郡哀牢国属地。69 年，哀牢国归附汉朝，其地设永昌郡，益州郡划入永昌郡。今景谷县境属永昌郡。

蜀汉建兴三年（225 年），蜀汉分建宁、越巂、永昌三郡地设云南郡。今景谷县境属云南郡。

西晋泰始七年（271 年），西晋将建宁、云南、兴古、永昌四郡合设宁州。今景谷县境仍属云南郡。

765 年，南诏国赞普钟十四年置威远城，属银生节度。乾符六年（879 年），南诏政权置威远睑，属银生节度，后改属蒙舍镇统领。

937 年前南诏国通海节度使段思平建立大理国，沿勐舍龙旧制在勐谷置银生节度。

1096 年，大理国废节度、都督等军事辖区，设八府、四郡、四镇。今景谷县境先属银生节度威远城、后属威楚府威远睑。

1274 年，元朝在大理国故地设云南等处行中书省后，裁万户、千户、百户等军事辖区，设路、府、州、县等各级行政区，威楚万户改设威楚路、前威远睑辖地设威远州。今景谷县境属威楚路威远州。

1343 年，瑞丽江河谷盆地崛起的麓川国击败元军、趁胜追击到勐褥（漾濞江河谷），勐谷傣族土目（景东军民府土知府）归附麓川国。今景谷县境属麓川国。

1355 年，麓川国归附元朝，其地设平缅宣慰司。今景谷县境属平缅宣慰司。

景谷缅寺

明洪武十五年（1382年）设威远州，属楚雄府；洪武十七年（1384年），麓川国归附明朝，其地设麓川平缅宣慰司；同年，景东州、顺宁州、威远州分别升级为府。

1399年，麓川平缅宣慰使思伦法去世，威远傣族土目趁机脱离麓川平缅宣慰司。明朝复设威远府。

1401年，置威远土知州，属云南省布政使司。

清雍正三年（1725年），"改土归流"设威远厅抚夷清饷同知，属镇沅府；雍正十三年（1735年）10月，直隶威远厅降为散厅，划归镇沅府；乾隆三十五年（1770年），设普洱分防威远厅抚夷清饷同知，属普洱府。

民国元年（1912年），改为威远县，属普洱道。民国三年（1914年），因县名与四川省威远县相同，改为景谷县，属普洱道尹公署。

1949年6月，成立景谷县人民政府。隶属宁洱专区。

1951年，宁洱专区改普洱专区，景谷县属普洱专区。

1953年，普洱专区改思茅专区，景谷县属思茅专区。

1959年1月，镇沅县合并景谷县。

1961年2月，景谷、镇沅分设。

1970年，思茅专区改思茅地区，景谷县属思茅地区。

1985年12月25日，成立景谷傣族彝族自治县人民政府，隶属思茅地区行政公署。

2004年，撤销思茅地区，设地级思茅市，景谷傣族彝族自治县属思茅市。

2007年，思茅市更名为普洱市，景谷傣族彝族自治县属普洱市。

景谷县城

二、大石寺——普洱的道教"圣地"

2021年4月17日一早我们从普洱出发,这天难得春雨,到了景谷县振兴镇的黄草坝古茶山已是中午1点。在黄草坝村的以寨组吃过午饭,冒着大雨前往凤山镇的抱母井,下午5点多终于赶到了大石寺的山下。从公路的树林空隙间看到山顶上的大石寺蔚为壮观,停下车走回十几米去拍照,可只瞬间寺顶就被飘来的云雾所包裹,失去了刚才的清晰,只留下朦胧与神秘。

雾中的大石寺

大石寺

在停车场停好车开始登山,石阶用1米长的红色石条铺设,从山下到大石寺的巨石脚共有石台阶320级,路两边树木苍翠,不时从土里露出几个不一样石头,像在衬托主峰的特别。气喘吁吁地登到一座椭圆柱形的石山下,被眼前的石阵所震撼。有两块高大而相邻的巨石,顶部飞来一块更小的巨石相连接,下面两块巨石上刻有"乳峰叠翠"四字,上面的巨石起名"鹊桥石"。鹊桥石取意牛郎织女"鹊桥相会"的传说,银河亦被叫作"鹊河",牛郎和织女被银河所隔,每年只有农历七月初七这天两人才能相聚。根据传说并结合这三块巨石的构成,很形象地把这两块巨石取名"牛郎石"和"织女石"。

顺着牛郎石前行,牛郎石高约40米,柱底部周长约100米,有点像个圆不溜秋的黑螺,石头上留有一些游人的石刻;牛郎石和织女石相距约4米,织女石高约20米,底周长约200米,石头形状更丰富些,有几个不同形状的石洞,取名"天生寺""积米洞"等。牛郎石和织女石之间卡着一块"飞来"的大石头,长约7米,宽约4米,厚2米多,使牛郎石和织女石牵手相连,形成一座天然的"鹊桥石"。鹊桥石下形成一个高约10米、宽约3米的石门洞,称"一洞天",洞内有个"摸子洞",传说许好愿去摸石洞里面的石子,摸到圆石的要生女儿,摸到细长石的要生儿子。"一洞天"特别像缩小版的张家界"天门洞",登上石洞有穿越千年时空的感觉。

　　沿着织女石前行，建有一个"子孙殿"。沿织女石继续前行，在西侧的悬岩平顶上，巨石凌空，为织女石的第一个平台，直径约10米的圆形平顶上建有"三皇宫"，三皇宫又称三清宫，殿旁种有一棵苍老的古梅树，苔藓挂满树干，树枝上还结着不少的青梅果子。从三皇宫向左沿25级石阶而上，又形成一个直径约8米的平台，即是天生寺，洞口的石门上刻有"天生寺"匾额，其寺在一个大溶洞内，里面可以容纳百人，洞内有浮雕青龙入云和白龙出山。在天生寺旁边，有一个"良心洞"，良心洞与天生寺在溶洞里相连，因为洞口不大，所以叫良心洞，说良心好的人，才能在洞内爬行通过。从天生寺的北面，沿着石台阶往下走50多米，有一个天然形成的"石乌龟"。而从天生寺出来往上走33级台阶，有一个天然平台，建有"杨四将军殿"，传说孩子不听话的到"杨四将军殿"许愿，孩子很快就懂事听话了。"杨四将军"为古代"中国水神"的化身。

大石寺

　　从"杨四将军殿"往上通过"鹊桥石"的连接形成37级的石梯，石梯下是数十米高的悬空，在巨石上刻有"鹊桥石"三字，下端刻石题词曰："鹊桥由仙架，云梯任尔登。切莫往下望，背道往上开"。有恐高症的人很难上得去，这也是登大石寺最刺激的地方，当地流行夫妻牵着手爬过"鹊桥石"，意味着爱情的忠贞。登上牛郎石之巅，有一个直径10米多的平台，平台中央建有"玉皇阁"，昔日供奉玉皇大帝，朝拜者甚众。传说"玉皇阁"的石缝内原来会出米，每天的出米量，刚好够看守寺庙的一人食用，但是，后来看守寺庙的人心不足，用筷子去通，想让米出多一点，反而弄堵了，从此再也没有出过米。殿阁正门外有一堵石墙上刻有"风云际会"四个大字。登上玉皇阁，犹如在九天玉宇之上，攀云摘星，伸手犹得。

"玉皇阁"为大石寺的标志性建筑,以青石为墙的两层古建筑,房子长约5米、宽约4米、高约7米,房顶和房檐四周用青砖青瓦所盖。环"玉皇阁"眺望远方,有"一览众山小"之感,四周都是山峦叠翠的莽莽林海,层层群山在雨后的薄雾中显得青翠无比,春天里不同的树木长出不同颜色的叶子,把方圆数里的原始森林点缀得多彩峻秀,把高山之顶的大石寺彰显得古朴伟岸、仙气缭绕。站立在高处沉思片刻有超凡脱俗之境界,也惊叹于古人的慧眼,选择这里为道教之所可真是独到,想起魏晋时期曹植的《洛神赋》:"翩若惊鸿,婉若游龙,荣曜秋菊,华茂春松。髣髴兮若轻云之蔽月,飘飖兮若流风之回雪。远而望之,皎若太阳升朝霞。迫而察之,灼若芙蕖出渌波……"

大石寺位于普洱市景谷县景谷镇文山村委会的海孜自然村,距离镇政府20千米,山巅的"玉皇阁"海拔2277米。南诏国、大理国时期,以大理为起点到景东、景谷、普洱等地的"刊木古道"从大石寺旁经过。由三块巨石组成了"一座石山一座庙"的奇世风景,人们就把这座寺庙称为"大石寺。"

大石寺风光

道教发源于古代中国的方仙道,是春秋战国诸子百家之一,后来由张道陵正式创立教团组织,距今已有1800年历史。张道陵是道家正一派的创始人,师从太上老君,被"授以三天正法,命为天师",后世尊称为"老祖天师""正一真人"。

唐代,南诏国蒙氏王族崇奉道教,《南诏德化碑》有"阐三教,宾四门"的记载,三教即儒、释、道三教。樊绰的《蛮书》记载:"贞元十年岁次甲戌正月乙亥朔,越五日己卯,云南诏异牟寻及清平官、大军将与剑南西川节度使巡官崔佐时谨诣玷苍山北,上清天、地、水三官、五岳四渎及管川谷诸神灵同请降临……"这是南诏王异牟寻用道教天师道的宗教礼仪欢迎唐朝使者的一种最高规格外交礼节。南诏国时期，从一世祖细奴罗至第十世祖劝利晟都推崇道教，至十一世祖劝丰祐即位后始废道教，改崇奉佛教中的密宗教，但是道教仍在民间广为传播。

　　与大石寺相距 100 多千米的无量山金鼎山寺，为滇西南道教名山，相传开山建寺的是本源道长，"本"字辈属道教龙门派十五代弟子，金鼎山寺庙始建于明代后期。《景东府志》记载："金鼎山，相传为彭本源道人建。彭本源，磨外井人，少慕道人，无道人，大石旁潜修，遇异人指示，洞明内景。时金鼎山无寺，源创修，工竣，云游数年归，遍辞道侣，跌坐而化。"彭本源道人最先在大石寺潜修，遇异人指示，到金鼎山创建寺庙。

　　大石寺天然就是一个寺庙的最佳之地，虽缺乏相关史料，但可以推断，南诏国时最先是道观，后来改为佛教寺院，再后来变成佛道双修的知名寺院。至今有1000 多年的历史，现存三皇宫、天生寺、子孙殿、杨四将军庙、玉皇阁等宫庙殿阁，以及摸子洞、积米洞、一洞天、鹊桥石、石乌龟等奇景，曾经的寺院遗址范围比现在保存得更宏大。大石寺为普洱市历史上最悠久、最著名的道教圣地，历代文人墨客登临观赏，刻石题词，赞叹这里的巧夺天工。1988 年 11 月，景谷县公布其为县级文物保护单位。2003 年被云南省人民政府列为第六批省级文物保护单位。

大石寺风光

三、"抱母井"的古今盐史

"抱母井"位于云南省普洱市景谷傣族彝族自治县的凤山镇，距离景谷县城42千米。据《清一统志·普洱府》载："抱母盐井本朝雍正三年，设盐大使驻此。嘉庆八年，移驻于香盐井，以抱母井归威远司知兼管。"

抱母井

抱母井

抱母井风雨桥

"抱母井，云南分场名。位于景谷县。方圆不及半里。原有四井，民国时存二井，设灶十四座，每日出卤五百余挑，每挑六七十斤，出盐十二三担，每斤卤水约煎盐八九钱不等。盐为大锅形，色质皆次，成本每担一元二角。行销景东、顺宁、缅宁、云州等。"

抱母井，现称抱母村，由于盛产食盐，自古就是刊木古道、盐茶古道、茶马古道上的重镇。乾隆三十九年（1774年）威远厅属由大寨（今景谷县城）迁往抱母井，成为全厅政治、经济、文化的中心。光绪六年（1880年），威远厅属迁回大寨，抱母井仍辖宣化、高平、抱母等3乡（村）。抱母井从一个小山村升格为厅府所在地的时间有106年之久。

1837年以前的历史上威远厅没有修过志书，直到清道光十六年（1836年）至道光十七年（1837年），山东籍进士谢体仁调任威远同知兼"抱香井"盐使期间才有改变。"抱香井"是抱母井和香盐井的总称。谢体仁组织威远学士李上清等名流40多人修编《威远厅志》，成立修志机构，自任编修，查阅文献，游览山川河流，采访旧闻，稽查建置沿革，风土习俗，赋役课税，旁征博引，精心审阅订正，历时十个月，纂修出威远厅第一部厅志，全书共八卷三十三条目。因此，谢体仁成为景谷修志第一人，有史官评论："上可达国家大宪，下可垂示将来，且以此志书开创思普之先声。"

景谷县有关产盐的最早历史可追溯到 1160 多年以前。863 年唐朝樊绰著《蛮书》第六卷载："开南城（今景东文井开南村）在龙尾城（今下关）南十一日程，管辖柳追和城（今镇沅）、又威远城（今景谷县）、奉逸城（今宁洱县磨黑）、利润城（今勐腊易武），内有盐井一百来所。"（《蛮书》又称《云南志》），中明确了当时的威远城属开南节度，开南节度范围有盐井一百来所。因樊绰"吝啬"笔墨，没写具体的盐井名字，但可以推断抱母井、香盐井、恩耕井、磨黑井、按板井、勐茄井等今天普洱市范围内的知名盐井应包含其中。

关于抱母井的传说有几个版本，其中一个传说：在很久很久以前，生活在今天抱母井的放牧人在一条河边发现两只豹子，一只母豹已经死亡，还活着的小豹崽一直被母亲抱在怀里。放牧人找来村里人一探究竟，发现离豹子不远处的河岸边有一股不一样的泉水，捧起一点用嘴尝，有非常浓的咸味。母豹可能是喝了含太多盐的水而亡。也许是母豹用自己的生命指示人们这里有盐矿。后来人们就把这里的盐井称为抱母井，既指母亲抱着小豹子，又因"豹"与"抱"属同音。

抱母井人的祖先们开采食盐的方式及煮盐工艺原始而古老，深挖一口盐井，把盐矿石背出地面打碎用水溶解后，再用大铁锅烧火煎熬，水分蒸发后，锅中凝固成灰白色的食盐，盐块呈锅底形，故得名大锅盐。抱母井盐的特点，咸中带香味，咸味能很快浸入及扩散在食物体中，很适于腌制腊肉、酱菜之类。自古抱母井的盐就特别畅销，为官府、商家争相购买。中华人民共和国成立以后，统一食盐的生产购销，1953 年，开采千年有余的抱母井终于停产封井，结束了使命。

以大理为起点的"刊木古道"通达景东县的安召、景福、大驮，镇沅县振太达抱母井，到宁洱县磨黑等地。食盐是人类生存的必需品，也是古代国家的主要课税项目之一，哪里产盐哪里就有官道，就形成商贸集市和重镇。如今的抱母井虽然只是一个普通小山村，但还保留一些历史的遗迹，古桥、古道和散落在不同角落里的各种石材，依然彰显着曾经的辉煌。

走过一道长 40 余米、宽 4 米左右的风雨桥，你又会顿感历史的沧桑。此桥的桥梁、桥面等都是木质结构，桥顶层面使用青瓦，主桥下有四个经历了千年沧桑的石桥墩，桥的一端分为两个出入口，形成走马转阁，飞檐峭壁，古桥和流水相映衬，成为一道亮丽的风景。进入古村寨有一条不足 4 米宽、几百米长的古街道，街道用棕红色的石板铺设，一旁是邻河而上，一旁是民房与街道。狭窄的石板路沿着抱母河而蜿蜒，经历岁月涤荡的老宅影子，只有那些精美石材能看出昔日繁荣与辉煌。

今天保留最完整的建筑是段家大院，占地面积 389.8 平方米，融合大理南诏文化和当地彝族、哈尼族的建筑风格，一楼一底，土木结构，穿斗式的走马转角楼，由三开间的正房和左右厢房加正面的照壁大门所组成。段家大院于 2013 年 12 月列入"第一批普洱市文物保护单位"。

段氏到抱母井定居是在清朝晚期，因段家人有文化，头脑灵活善于经营，到段元山这一代人，段家已是抱母井的盐灶大富之一。但真正让段家发迹的是段立堂、段祝君两兄弟这一代人，段家最直接的发迹史相传源于一场匪祸。1936 年 12 月 25 日深夜，小景谷镇的土匪团伙抢劫抱母井，土匪们分别包围了抱母井的各个路口，纵火烧井盐和民宅，满街火光冲天，浓烟滚滚。段家将课税款用铁锅盖住后，全家从后门逃出。事后，段家借机向上级谎报课税款被劫，盐井遭到破坏，得到官府批准，免除两年课款，段家由此发了大财，逐渐成为凤山镇的首富。段祝君因护井剿匪有功，被县长李希哲委任为凤山镇剿匪大队副，段家从此发迹。

据史料记载，这个弹丸小镇，曾经每日容纳马帮上百队，骡马四五百匹，马锅头及商人上千人次。马帮把盐、茶通过古道驮运到各地，同时又把各地的绸缎、布匹等生活用品驮运到这里，繁荣的贸易使抱母井成为一个商业重镇。

抱母井风光

抱母井石柱脚

四、探寻黄草坝古茶山

一早，由李琨为向导，我们从普洱出发，开启又一段"刊木古道"之旅，经过宁洱县凤阳镇的宽宏村就进入了景谷县的正兴镇，沿小黑江崎岖山路而上，到了拟建的黄草坝水库坝址。黄草坝水库库容 1.1 亿立方米，建成后将成为普洱市最大的水利工程和饮用灌溉水库。沿途欣赏着风光，不知不觉进入了古茶区。黄草坝村居住非常分散，一个小组只有 20 户左右，不进入寨子很难看到古茶。到了村委会稍作休息，赶往以寨小组吃中午饭，午饭后的目的地为抱母井和大石寺。

黄草坝古茶园

黄草坝村位于普洱市景谷县正兴镇，距离镇政府所在地 61 千米，东邻宁洱县梅子安，南邻翁安界，西邻凤山镇文会村，北邻南板村。国土面积 24.6 平方千米，年平均气温 18.7℃，年降水量 1530 毫米。下辖半坡、以寨、外寨、大园浦等 9 个村民小组，有人口 180 余户共 750 余人，居住着汉族、拉祜族、彝族等民族。

黄草坝古茶山因茶树核心区在黄草坝村而得名，古茶园主要分布在海拔 1710～2350 米之间，土壤为红壤和黄棕壤，现有古茶山面积 6870 余亩，最古老的茶树树龄在 600 年左右。古茶山范围包括相邻的凤山镇平田、顺南、南板等村。茶种主要有"平田细红叶"茶种、大理茶种等，属大、中、小叶种的有性系群体混植，茶园呈块状分布，犹如镶嵌在森林之中。早期，黄草坝先人们来到深山中，把山坡改为台地，把地里的石头垒成地埂，用石头建造简陋的房子。直到五六百年前，这里开始种植茶树，为节约耕地，把茶树种植在房前屋后，种在地埂上，种在石堆里。再后来，人们在茶地边种上一株株柏枝树，在不知不觉中创造了奇迹。黄草坝古茶山茶树长势较好，品质优良，茶香气悠长，山韵明显，苦涩较弱，回甘生津快，汤质饱满；茶汤橙黄透亮而柔甜，油光可鉴。

景谷县是闻名遐迩的木兰化石发现之地，其中距今 3540 万年宽叶兰化石目前世界范围内仅在景谷县发现。在黄草坝古茶山的干坝子、大尖山、困庄大地、大水缸等地，共有野生茶树群落 2000 余亩。在黄草坝村的大水缸（海拔 2220 米），发现 2 株野生古茶树，其中，"大水缸大绿茶 1 号"树干基部径围 3.2 米、树高 21 米，为目前景谷县发现最大的古茶树；"大水缸大绿茶 2 号"树干基部径围 1.66 米、树高 17.5 米。

从村委会进入以寨小组，在一段茂密的森林里，有一个有近 20 米高的瀑布喷涌而下，为以寨增添了几分神秘。以寨背靠小黑山，是黄草坝村最边远的小组，三面环山，山势高峻，常年云雾缭绕，森林植被茂盛。进入村寨一路都是大小不一的茶树，眼看天将下雨，就先停车去看村寨、茶树、古道。以寨现不到 20 户人家，原因是在 20 世纪八九十年代，很多黄草坝人到思茅、版纳等地打工，逃离这温饱难以解决的山沟。2006 年后，黄草坝古茶逐渐有了知名度，多年的穷山沟开始凤凰涅槃，旧貌换新颜，曾经外出的人家又开始迁移回来，外面的姑娘纷纷嫁入这里。一些定居在城市的人，在采茶季节开车回到茶山里采茶，茶园里不时会出现几间简易房，那是他们的临时住所。

以寨是景谷县古茶山中还能保留着一些古寨风韵的地方之一，几栋有百年历史的石墙老房子在风雨中飘摇，很是破旧，有的已经废弃使用，有的计划拆了建新房，我再三叮嘱村民们千万不能拆除这些老房子，这可以算是文物。在景谷县具备黄草坝村这样有古茶、古宅、古柏、古道、原始森林、瀑布、普洱市最大水库等资源的地方非常稀缺，这是未来开发乡村旅游的好地方。

黄草坝石头房

第四节　走进宁洱

一、宁洱县简介

宁洱哈尼族彝族自治县是普洱市下辖县之一，位于云南省南部，普洱市中部，为滇南要冲，与思茅、墨江、江城、景谷、镇沅五个区（县）山水相连；北距省会昆明市 370 千米，南距市政府驻地思茅区 33 千米；全县总面积 3670 平方千米，辖 9 个乡镇，2020 年总人口为 19.4 万人。

宁洱县县城的早晨

公元前 109 年以前，今宁洱县境为傣族古国"勐达光"（汉译"哀牢国"）属地。

公元前 109 年，汉朝征服滇国及昆明、嶲等部族置益州郡，将势力伸入"勐达光"（哀牢国）境内设置县（据点），"勐达光"（哀牢国）向西退让。今宁洱县境成为自由地。

69 年，"勐达光"（哀牢国）归附汉朝，今宁洱县境属永昌郡。

225 年，蜀汉分建宁、越嶲、永昌三郡地置云南郡。今宁洱县境属云南郡。

271 年，西晋将建宁、兴古、云南、永昌四郡合置宁州。今宁洱县境仍属云南郡。

420 年，东晋灭亡，中国内地王朝彻底放弃云南高原。今宁洱县境成为傣族土目自治领地。

738 年，"勐舍"（巍山盆地）傣族入主洱海盆地建立"勐舍龙"（汉译"南诏国"）政权；

765 年，"勐舍龙"（南诏国）在"勐谷"（景东盆地）设银生节度，今宁洱县境属银生节度奉逸城（磨黑）。

937 年，前"勐舍龙"（南诏国）通海节度使段思平入主洱海盆地建大理国，沿"勐舍龙"旧制在"勐谷"置银生节度；1096 年，大理国废节度、都督等军事辖区，今宁洱县境先属银生节度、后属威楚府的步日部。

1254 年，大蒙古国灭大理国；1256 年，在大理国直辖地区设万户、千户、百户等各级军事辖区，稳定大理国局势后便转攻南宋；1274 年，元朝（原大蒙古国）在大理国故地设云南等处行中书省，废万户、千户、百户等军事辖区，设路、府、州、县等各级行政区，同时平定前大理国外围属地；1288 年，元军平定前大理国威楚府南部的罗盘、马笼、步日、思摩（麽）、罗丑、罗陀、步腾、步竭、台威、台阳、设栖、你陀等十二部设元江路。今宁洱县境属元江路步日部。

1301 年，"勐泐"（车里军民府）傣族土目攻占元江路所属的罗陀、步腾等部，元江路将步日、思摩等部设普日思摩甸长官司（今宁洱县、思茅区东、江城县东）；1360 年，普日思摩甸长官司长官父子、兄弟因承袭问题相互攻杀，普日思摩甸长官司等于废置。今宁洱县境属元江路普日思摩甸长官司。

1382 年，明朝击垮云南的元朝势力，设云南都指挥使司（军事机构）与云南承宣布政使司（行政机构），前元江路改设元江府，前普日思摩甸长官司所辖的把边江流域划入元江府、澜沧江流域划入车里军民府。今宁洱县境分属元江府、车里军民府（后改车里宣慰司）。

1659 年，清军攻入云南，仍沿明制设元江府、车里宣慰司；1729 年，清朝析车里宣慰司澜沧江以东辖地设普洱府；1732 年，元江府下设他郎厅；1735 年，普洱府下设宁洱县、思茅厅。今宁洱县境的把边江流域属元江府他郎厅、澜沧江流域属普洱府宁洱县。

1913 年，民国政府裁府，在全国推行省、道、县三级管理体制，元江府他郎厅所属的把边江流域划入宁洱县，宁洱县改名普洱县，上属滇南道；1914 年，滇南道改为普洱道，普洱县复名宁洱县，上属普洱道；1929 年，民国政府裁道，县一级行政区由省府派出的行政督察专员管辖；宁洱县先后归云南省第十二区、第十五区、第六区、第八区、第一区、第四区、第七区行政督察专员管辖。

1949 年，共产党在宁洱县成立人民政府，上属宁洱专区；1951 年 4 月，宁洱专区改为普洱专区，宁洱县改为普洱县，普洱专区行署驻普洱县；1953 年 3 月，普洱专区改为思茅专区，行署驻地由普洱县迁至思茅县。

　　1958 年 3 月，普洱县通关区（面积 361 平方千米）划归墨江县；1960 年 9 月 13 日，国务院撤销思茅县，将原思茅县的行政区域并归普洱县（1958 年 11 月撤并）；1970 年，思茅专区改为思茅地区，普洱县属思茅地区；1981 年 5 月 9 日国务院批复设立思茅县；1985 年 6 月 11 日国务院批复撤销普洱县，设立普洱哈尼族彝族自治县。以原普洱县的行政区域为普洱哈尼族彝族自治县的行政区域，12 月 15 日正式成立自治县。

　　2003 年 10 月 30 日，国务院批准撤销思茅地区，设立地级思茅市，普洱县属地级思茅市。

　　2005 年，普洱县撤销凤阳乡并入宁洱镇；撤销把边乡并入磨黑镇。

　　2007 年 1 月 21 日，国务院批准普洱哈尼族彝族自治县更名为宁洱哈尼族彝族自治县。4 月 8 日，普洱哈尼族彝族自治县正式更名为宁洱哈尼族彝族自治县。

古普洱城　　　　　　　　　　　宁洱城万寿龙图

二、磨黑：南诏国皇家盐井

云南省普洱市宁洱县磨黑镇位于宁洱县东北部，素有"滇南盐都""丽人故里""茶马古镇""革命老区"之称；昆曼高速公路、中老高铁横穿境内；镇政府驻地距离宁洱县城 20 千米，国土面积 491 平方千米，辖 10 个村委会及 1 个城镇社区，有 139 个村民小组，总人口 1.8 万人，居住着傣、哈尼、回、彝等 17 种少数民族；磨黑镇所在地海拔 1372.4 米，年平均气温 19.8℃，年降雨量 1400 毫米。

杨丽坤故居

磨黑阿诗玛广场

磨黑镇人杰地灵、名人辈出，灵秀的山水哺育了众多的优秀儿女，是著名的电影表演艺术家杨丽坤和全国英模张培英的故乡。磨黑镇是思普区人民革命斗争的摇篮，为民族解放事业和社会主义建设培养了大批骨干和精英。1997 年 4 月，磨黑中学被云南省委、省政府命名为"爱国主义教育基地"；2005年 1 月又被省政府命名为"国防教育基地"。目前主要有杨丽坤故居、曾蒋烈士纪念园、走马转角楼、茶马古道等景点。磨黑镇有厚重的人文历史，这里着重介绍一段磨黑尘封千年的"皇家盐井"历史。

磨黑井古称奉逸井。据《磨黑盐矿志》："磨黑盐矿位于云南普洱市宁洱县磨黑镇。清雍正三年（1725 年）开办，因产量小归普洱府代管。道光二十六年（1846年）称磨黑井。光绪元年（1875 年）置盐课司，从此产量日增，年产盐 3500 吨，跃居全省第二位。民国初年统辖按板、石膏、香盐等十余个正井及包课小井。1952年成立磨黑盐场，1954 年改组为磨黑盐厂，1962 年改称磨黑盐矿；20 世纪 90 年代年产盐约 10 万吨。"有关磨黑盐井的历史记录上限仅追溯到 1725 年，从而形成了千年的历史断代。

863年唐朝樊绰著《蛮书》第六卷载："开南城（今景东文井开南村）在龙尾城（今下关）南十一日程，管辖柳追和城（今镇沅）、又威远城（今景谷县）、奉逸城（今宁洱县磨黑）、利润城（今勐腊易武），内有盐井一百来所。"

磨黑古镇

唐时南诏国先设置银生节度，银生节度成为南诏国时最大的节度府，但后来又在距离银生节度16千米的开南增置开南节度，把最核心的地方划给开南节度管辖，在银生节度的范围内形成"节度中的节度"机构，可以想象当时的开南节度使比银生节度使更受宠于国君。设开南节度的目的：一是为削弱银生节度的势力，形成两节度使相互制约；二是加强国家对食盐、粮食、兵源的控制，开南节度管辖着今天镇沅县、景谷县、宁洱县、勐腊等地，范围内有盐井100来所，有很多盛产粮食的坝子，成为南诏国主要粮仓和征收盐税的节度。而这些盐井在南诏国时又以磨黑（奉逸）盐井最为出名，磨黑盐井成为南诏国、大理国的"皇家盐井"。

中国盐业源远流长。春秋时期，管仲推行"官山海"政策，开中国盐政之始；东汉以来盐业实现"罢私煮之禁，任民制盐，自由贩运，而于产盐较多的郡县设置盐官，征收盐税。因其产制运销皆任民营，官征其税，盐史学者称之为"就场征税制"。1931年国民政府公布的《盐法》是中国有史以来第一部对盐的产制、运销、征税、缉私等行为进行全面规范的盐政专门法律；1949年中华人民共和国成立，中国盐政从此进入新的发展时期；1996年5月，国务院第197号令发布《食盐专营办法》，决定对食盐实行专营管理。

据清康熙四十六年（1707年）滇南盐驿使李苏命画师绘制《滇南盐法图》，注明"古滇九井"分别是黑井、白井、琅井、云龙井、安宁井、阿陋猴井、景东井、弥沙井、只旧草溪井。描绘了古滇九盐井的生产情况，是一幅价值很高的清代云南井盐生产及民俗生活画卷。这里虽然没有将磨黑盐井列入"古滇九井"，但磨黑盐井从汉代就开始开采熬制，已有 2000 年的历史，因易开采、量大、品质好，直到今天依然是云南省的主要食盐生产地。

磨黑石拱桥

磨黑石拱桥

宁洱古城马帮风情

古代盐的熬煮很简单，普通人在家里就可以熬制，只是官府不允许。磨黑井的熬盐多采用一灶多锅的龙形灶，多的可置十多口锅。云南盐的开采主要有水采盐和旱采盐，水采盐是在江水和河水底部凿井，或者在地上凿井加入水，再取出含盐分的水熬煮成盐；旱采盐为挖矿井中富含盐分的盐矿石，打碎、加水浸泡、过滤、熬制成大锅盐。过去的磨黑盐为旱采盐，品味皆高，盐矿中所含杂质仅为石膏矿，味道独特。云南宣威火腿从明清时代就已经很出名，也因为使用了磨黑盐成为中国三大著名火腿之一。

杨丽坤，磨黑镇人，彝族，中国著名舞蹈演员、电影演员。1954 年，进入省歌舞团当学员，1955 年正式开始演出。代表作有 1959 年国庆献礼彩色故事片《五朵金花》和 1964 年彩色音乐舞蹈片《阿诗玛》两部电影。1982 年，《五朵金花》在"西班牙第三届桑坦德尔音乐舞蹈电影周"获得了"最佳（舞蹈）金片奖"。埃及电影节最佳女演员银鹰奖，同年，杨丽坤被评为"全国十大最佳演员"之一。影片故事的发生地——云南的大理和石林，也由此享誉四海。

　　古磨黑因盐而兴，成为不同时代的刊木古道、盐茶古道、茶马古道的必经之地。地方政府在"茶马古镇"和"革命老区""丽人故居"的历史文化挖掘、建设方面做得非常好，但对"滇南盐都"的历史文化挖掘方面存在不足，为此我给出几个建议作参考：一是增加"皇家盐井"的历史文化板块；二是对游客开放古盐井，恢复古法熬制锅盐的工艺，增加游客观光和体验深度；三是增加产品种类，开发伴手礼的"小锅盐"，以及生产腌制火腿的专用盐，如无量山火腿专用盐等定制产品；四是申报"磨黑古法制盐技艺的非物质传承人"。

杨丽坤故居

三、那柯里

"那柯里"为傣语发音,"那"为田,"柯"为桥,"里"为好,"那柯里"的意思便是"桥畔的好田地"。

"那柯里"是茶马古道上的一个古驿站,隶属于普洱市宁洱县同心乡,距同心乡政府9千米,距宁洱县城18千米,距普洱市主城区25千米。那柯里村辖那柯里、烂泥坝、扎捌寨等15个村民小组;东邻同心村,南邻富强村,西邻思茅区,北邻漫海村;现有农户400余户,人口1620余人;全村国土面积26.5平方千米,海拔1280米,年平均气温20 ℃,年降水量1460毫米。

从古普洱府(今宁洱县)为起点的五条茶马古道中,通往思茅(今普洱)的茶马古道的最近一个古驿站为"那柯里"。那柯里有两条小河呈"丁"字形交汇于此,依山傍水,两边矗立的高山有千米之高,在古代这里是个交通咽喉之地。从那柯里经过思茅斑鸠坡、腊梅坡的十余千米茶马古道至今保存较为完好,成为云南省境内茶马古道的重要遗址之一。这里有曾经马帮使用过的马镫、石槽、马鞍、马掌铺、风雨桥、水碾子、水磨坊、水车……如今60余户村民的古建筑成为百年马店、客栈、餐厅、酿酒坊、豆腐坊、制茶坊等传承着过去的工艺。村子中的稻田、稻草堆、低头吃草的水牛构成一幅极美的田园风光图景。村中纵横交错的古道、古桥、马帮雕塑等历史遗迹、遗物都在彰显着悠久的茶文化和古道文化。

那柯里酒庄、马圈

十多年前,单位组织走茶马古道,从那柯里出发,经过思茅的斑鸠坡,用了近五个小时才到达思茅坝,一路需翻越多座高山深谷,虽然是空手走路,但也是劳累至极。在一个山梁上休息时,我非常幸运地在一个石缝里拾到一个铜钱,不知是哪个行人遗落下的钱币,虽然经历了百年风雨,擦亮后还比较完好。让我遐想:几千年来，无数的马帮、行人沿着悠悠古道，翻山越岭，蹚水过河，风吹日晒，不辞辛劳；驼铃声声、大地留痕，在青石板上留下深浅不一的马蹄印，山梁上的土坎被踏出一道道深沟，山谷里不时传来清脆的驼铃声，有人唱着婉转的歌谣，有人低声私语，疲倦了找个地方稍作休息。突然想起一首歌谣："赶马阿哥爬山路，抬头望见猴上树；大路打滑跌一跤，只见野鸡钻进草；身上泥巴没水洗，想起阿妈泪兮兮。"

从唐代的南诏国开通"刊木古道"开始，古普洱府（宁洱）就因普洱茶和磨黑盐的产销成为商贾云集、马帮络绎不绝的重镇。今天茶马古道作为一种民族精神和文化遗产受到人们的关注。古时的那柯里，马帮行人来往不断，客栈、马店林立，十分热闹。现在的那柯里昆曼高速从村中通过，专门在这里设置临时停车场方便人们出行，那柯里成为普洱最热的旅游目的地。

2008年，时任中华人民共和国副主席的习近平在省、市领导的陪同下，亲临那柯里驿站。那柯里是《马帮情歌》的诞生地，2015年10月，被住房城乡建设部、国家旅游局列为第三批全国特色景观旅游名镇名村；2019年7月28日，那柯里村入选首批全国乡村旅游重点村名单；2019年12月25日，被评为国家森林乡村。那柯里的"茶马古道遗址"已经成为全国重点文物保护单位。

那柯里

第五节 走进思茅

一、思茅区简介

唐宋时代的南诏国、大理国在今思茅设"思摩部"或"思麼部",元代称"思么",明代叫"思毛"。清雍正十三年(1735年),设立"思茅厅",隶属普洱府。

民国二年(1913年)废厅,改"思茅县"。民国三年(1914年)至民国十五年(1926年),为普洱道署驻地。

1949年2月思茅解放,8月建立思茅县临时人民政府。

1950年5月,正式建立思茅县人民政府。

1955年起为思茅专区驻地。

1958年12月,思茅县并入普洱县。

1981年5月,恢复思茅县。

1993年3月,改为县级思茅市。

2003年,思茅地区改设"思茅市",县级思茅市改为"翠云区"。

2007年1月,原思茅市更名为普洱市,翠云区更名为思茅区。

思茅区是历史上的茶马古道—南方丝绸之路的起点,为云南历史上的三大"海关"重镇之一,曾有"东南亚陆路码头"和"银思茅"之称。思茅区主要遗迹有石屏会馆、思茅文庙、思茅老海关、茶马古道等。著名历史人物有清官陈启周、同盟会会员吕志伊等。

思茅区为普洱市府所在地,全区有国土面积3928平方千米,东西长118千米,南北宽72千米,下辖3乡3镇1街道,2020年全区常住人口为31.86万人。

思茅文庙

二、思茅：一个名字源于竹子的地方

（一）思茅古城堡

思茅的名字来源于一种当地盛产的竹子，晋代嵇含著的《南方草木状》一书中记载："思摩竹：如竹大，而笋生其节，笋即成竹，春而竹复生节焉能。交、广所在有之。"这里的"交"指古代的交趾（交州），今天越南河内等地；"广"指广东、广西地区。而思茅是古濮人生活繁衍的地方，属亚热带气候，非常适于竹类生长，由于盛产这种"思摩竹"，人们就把这个地方称为思摩。今天人们把古时候的"思摩竹"称为思茅苦龙竹。

思茅古牌坊　　　　　　　　　　　　思摩竹

3000多年前，思茅这片"西南夷极边地"就有人类繁衍生息。思茅盆地四周被群山怀抱，这里日照充足，雨量充沛，树木葱郁，藤竹遍地，飞禽走兽众多。西汉时期，中央王朝开始对西南夷进行开拓和经略，在云南开创了边郡制度。在唐代的南诏国时，开通从大理到思茅的"刊木古道"，当时负责修建刊木古道的"总师徒"来到思茅时，看到当地的原始部落居住在竹林之中，用这种"思摩竹"建造简易的房子，做农具、餐具、神器等，就把这里叫为"思摩部"，这里的驿站也就称"思摩驿站"。宋代的大理国把思茅称"思摩甸"，"甸"在古时指"王田"或是大寨子。宋朝时思摩盆地属大理王室的良田，已有先进的农耕文明。元代又演变成思么，到明代中后期又演变成思毛、思茅。

思茅在清雍正皇帝以前仅是刊木古道、茶马古道上的一个坝子、集市、官办驿站。清廷于雍正七年（1729年）设普洱府（今宁洱县），并在此设茶管局，专办"茶引"（相当于今天执照）、茶税及督办贡茶厂，普洱茶正式被清廷列为贡茶。到清雍正十三年（1735年），在思茅设立"思茅厅"，隶属普洱府，从此思茅进

入一个"高光"的时代。一个有特殊工艺而产于普洱府范围的茶叶，被朝廷命名为"普洱茶"，世界上很多"奇葩"的事就诞生在这个被誉为"天赐普洱"的地方。一个地方名使用了当地生长的竹子名，一个地方名"普洱府"成就了享誉中外的普洱茶名。

清政府开始建设"思茅古城堡"，当时的思茅古城堡按"田"字形布局建设，长宽各400余米，总面积近300亩，古城四周有高高的城墙，分东、西、南、北四个城门，东为宣化门、南为怀柔门、西为平定门、北为宁远门，为当时官衙居住办公、道教的道观及主要商会等重地。商家以古城堡为中心不断扩建，形成后来的思茅老街格局，后来因各种因素，思茅古城堡被毁，在思茅人的记忆里只有"思茅老街"的概念。

石屏会馆

（二）石屏会馆

普洱茶成为贡茶后，逐渐被达官贵人们所追捧而名震京师，有江西、山西晋商、两广、两湘、四川以及云南省内石屏、建水、下关、玉溪、通海等地的茶商来到思茅建立茶庄。思茅在短短几年时间里商家云集、商铺林立，城市的规模围绕思茅古城堡向四周扩张，逐渐形成思茅老街。来自不同地方的商家成立了很多商业会馆，在思茅从事茶叶经营最多的是石屏人。最先石屏商人在思茅古城堡南门之内的右侧，于乾隆年间筹资修建了"关帝庙"，后来在此基础上逐步扩建石屏会馆，包括大门牌坊、祖师楼、经楼、关圣殿、玉皇阁、观音阁、花厅、斋房及耳房等一门七殿的大型道教场所，总占地面积近5000平方米，为思茅最大、最知名的会馆，也是石屏人在云南建的七大会馆之一。

280多年以前，石屏人赶着马帮，淌过红河、翻越哀牢山、无量山，当他们踏

石屏会馆牌坊

入思茅这个美丽而又神奇的地方时，与普洱茶结下了不解之缘。思茅人与石屏人共同书写了普洱茶史上的一个个故事，开创了十余个影响后世的茶叶老字号。思茅曾有会馆十余个，历经沉浮，今天在思茅这个充满魅力的城市里，只有石屏会馆的大门牌坊、花厅、斋房和耳房有幸保留下来，占地面积仅剩830平方米；2013年石屏会馆被列为普洱市级文物保护单位，作为历史上普洱茶兴盛时的存留记忆，也成为思茅古城最有代表性的古建筑之一。如今的普洱茶已不再用马帮驮运，思茅古城只留下一幅幅老照片，以及老思茅人的口耳相传中，曾经的马帮驿站和会馆已退出了历史的舞台，但伴随着普洱茶的陈香，这些记忆会随着时间的流失变得更加"回味"。

（三）思茅文庙

思茅文庙位于普洱市思茅区的思茅一中内，始建于清嘉庆十九年（1814年）。曾经的文庙、学署、文昌宫等都紧紧相邻，位于思茅古城堡的东城门之外，成为思茅文化的策源地。1915年，普洱道尹刘宏庵以文庙、学署、文昌宫等为校址创立

思茅文庙

思茅一中，时称普洱道立中学，是滇南最早的学校之一。200 多年来，思茅文庙几经风雨侵蚀、多次地震和人为破坏，原有建筑大多已不存在。如今的思茅一中新老校区占地总面积 650 亩，曾经是云南省占地面积最大的中学之一。老校区占地 280 余亩，校内还保留有近百亩的状元林，成为普洱城区最古老的园林。园林内有状元桥、牌坊、孔子像、大成殿、两个凉亭等历史古遗。

思茅一中状元桥

因普洱等地区建盖的房子多为土木结构的青瓦屋顶，木料容易被白蚁啃食，一般难保存百年之久，所以客观上思茅的很多古建筑难以完整保留下来。今天若你想要游览思茅城，思茅文庙是最值得去的地方之一。一个古城的历史，幸存的古树、古桥、古井等是最能体现历史感的证物，在思茅一中，还保留着几十株树龄在 200～500 年的古树，古树以翠柏树居多。一幢幢或新或旧的教学楼，宽阔的操场，郎朗的读书声在古树、古桥、石碑、大殿之间回荡；伟岸的孔子塑像前有虔诚的敬香者，只见一缕缕淡淡的青烟升起，期盼着"孔圣人"护佑孩子们取得更好的成绩，树上各种小鸟飞来飞去，使思茅一中显得格外灵秀。

（四）思茅海关

思茅海关位于思茅老街的天民街，于光绪二十三年（1897 年）正式开关，最先为法国人开设。后来相继有英、美等国在思茅设领事馆、海关，办理各国的通商业务。当时思茅海关进口的主要物资有棉花、棉布、洋火、洋油、洋灯、西药等。每天在海关排队的马帮物资，

思茅老海关照片（图片来源于网络）

思茅古城楼（图片来源于网络）

思茅古城楼（图片来源于网络）

有从缅甸、老挝、越南等国运入的大量棉花包，或是将从澜沧江、李仙江水运出海的普洱茶。思茅城里经常有洋人出入，很多西方商品在街上销售。在100多年前就有洋人在思茅打网球、喝洋酒、品咖啡。

如今还能发现很多思茅老照片，一组摄于1902年前后，一个叫凯瑞的英国摄影师在海关任职期间，拍摄了大量思茅的风土人情和自然风光的照片。

另一组摄于1922年3月，美籍植物学家、探险家约瑟夫·洛克（Rock，Joseph Francis CHarles）经过思茅时，拍摄下思茅的古城门、海关、寺庙、老思茅街赶集等非常珍贵的照片。照片记录了1914年以后，普洱道署由宁洱迁驻思茅，思茅成为普洱道的政治、经济、文化中心的热闹场景，城门外老街两边商铺客栈林立，马帮商客排队在海关前等待办理手续，与茶叶加工贸易有关的木匠、铁匠、银匠、皮匠、马店、酿酒坊、织布坊、客栈马店等热闹非凡。思茅老街人声鼎沸，十分繁荣。

晚清时期，法国殖民者挑起中法战争，法国与清政府签订不平等条约，光绪十五年（1889年）在云南蒙自开设法国领事馆、海关，这是云南最早设立的海关；光绪二十三年（1897年）法国人的思茅海关正式设立；光绪二十五年（1899年）英国在腾冲设立领事馆，1902年设立腾冲海关，这就是云南历史上的三大"海关"。

三、思茅永庆古驿站宝藏般的秘闻

我在李琨的茶习馆跟邵鸿雁老师聊天，讲到距倚象镇政府所在地 14 千米的思茅区永庆村有个石头寨，很有历史感，我曾在《"巧进"普洱永庆石头寨的旅游文化价值之感想》一文中描述了对这里的最初印象。我和李坤、邵鸿雁三人第二天一早前往，从普洱市出发到石头寨有 23 千米的路程，沿途茶山风景迷人。

王祖生父子

李琨在开拖拉机

车停在寨子边，我们三人一路走一路观看现存的石围墙、老房子等。因是秋收农忙季节，走进十几栋老宅都没有遇到村民，偶遇一老汉攀谈，竟然发现了永庆宝藏般的秘闻。

王祖生看上去 60 多岁的样子，其实他已有 72 岁，他对当地的历史文化比较了解。王祖生 1949 年 8 月出生，曾经是一名国企负责人，从思茅市铁木厂退休。铁木厂位于思茅"倒生根"旁，最早是县铁业社，后来以加工木材为主。当问他石头寨是否还有更年长的老人可讲述这里的故事时，他说："我父亲更清楚。"

王祖生的父亲王春明 1933 年出生，15 岁结婚生下长子王祖生，1951 年应征入伍，在澜沧县等地参军，后因家庭负担重，参军 3 年后回家务农，曾在生产队里赶牛帮驮运货物。对石头寨往事，父子俩如数家珍。

永庆村属思茅区倚象镇，永庆村有曼见山、大寨四组、大寨五组、新寨、盐水塘等 19 个村民小组。因大寨四组、五组还保留着部分石头房子，被称为"石头寨"。

"倚象"在思茅方言中为"野象"的谐音，因此地常有野象出没而得名。美丽狭长的永庆坝，是距离思茅坝较近的坝子之一，四面环山，永庆小河从坝子中间淌过，最先居住在这里的傣族先民依水而居。历史上，永庆坝叫做"勐茄坝"，曾经有一条从古普洱府经过那柯里—稗子仓—永庆—石膏箐通达江城、易武等地的刊木古道，当地称之为"石镶路"。清朝雍正年间设思茅茶管局并建思茅古城后，马帮行人大多直接进入思茅城，这条曾经"人来马往"的古道及永庆古驿站也就日渐衰落了。

早先定居这里的人们就地取材，用石头砌墙，砍树做柱子，割茅草盖房顶。后来村里有人赶马帮牛帮经商，出了几户富裕人家，建有石墙大瓦房，其中就有"洪家的牌子，吴家的谷子"一说，其中"牌子"指的是马帮牛帮和食盐的商号牌子，"谷子"指田多稻谷多。这里曾有古驿站和一条石板街道，住有百余户人家。一般的石镶古道宽1米，而通过寨子的石板路有五尺多宽，也是一条古街道，街道两侧分上马道寨和下马道寨，骑马人过寨子的时候必须下马。在20世纪90年代以后，寨子里一部分先富裕起来的人，拆了老石瓦房，建盖混凝土结构的洋楼，古道上的石头也被村民取走。10年前修了进村公路，古街道变成了现在的水泥路面。

永庆石镶路

石头寨里现在保存最完整的当属吴家老宅，过去勐茄坝的田大多是吴家的，在中华人民共和国成立以前这里是私塾学堂，后来改为永庆小学，再后来永庆完小搬迁，老宅卖还吴家后人，但建筑规模大不如前。

据王春明老人讲，1949年10月前，他家帮地主李庆普家种田做长工，小孩放牧，大人赶马。马帮'一帮'有五匹马，马帮比牛帮走得快，但牛帮驮得多。牛帮'一把'有11头黄牛，其中一

盐水塘牌坊

头是驮生活用品和粮食。每头牛的驮子上有一条1米多长的棕蓑衣覆盖，赶牛人又叫牛把子，每人配一条用景东县安定的高寒山区绵羊毛做成的毡子，又是被子又是垫子。赶牛帮一把一人，要几把凑一起路上互相好有个照应，赶一稍为半天，选择有草有水的地方放稍，赶牛人生火做饭，让牛去吃草，一天走25千米左右。参军

回家后在生产队的远输队赶过几年牛帮，主要是驮运粮食和供销社的货物，驮往思茅需 1 天，驮宁洱县要 3 天。后来公路通车，只需驮到那柯里，要走一天半，若驮往江城县要走 3 天多的时间。村口原来有块石碑，包干到户后不知被哪家抬去了，村后山有一片竜林，曾经是祭祀的地方，旁边有庙房，但都已被破坏不存在了，现在只是在学校下面还保留有一小段当年的石镶路。

永庆石头寨

我们在王祖生大哥的带领下，在距离公路近 10 米的地方找到了仅存的石镶路，长度不到 20 米，古道宽 1 米左右，从两户人家中间穿过，古道与石墙紧紧相连，有非常强的历史感，石板上有岁月留下的痕迹。因茶马古道被列为国家级文物被加以保护，因此这段路的历史文化价值不言而喻。

在古寨对面的半山有一个叫"盐水塘"的寨子，盐水塘又叫野象塘，因水中含有一定盐分，过去野象、虎豹等非常喜欢到此喝水。现在的盐水塘不大，水很浅，我让李琨用手指沾点水试试，他说有点盐味，我也亲自沾点尝尝，比平时家里菜汤的盐味淡些。当我们去考察古盐井返回时，正遇一群要上山的黄牛，争着去盐水塘喝水，几头牛一会儿就把水喝干了。

王大哥带我们从盐水塘顺水沟而下，在 100 多米外的箐沟边一大块有塌陷痕迹的地方，他说："这里古时候就有盐洞，20 世纪 50 年代都还熬盐，从洞里挖出盐矿砸碎，在小箐边用水把盐水泡出，再用铁锅熬成大锅盐。小时候路过此处还经常进盐洞里去玩，记得当时有好几个洞，但后来山塌，洞就被掩埋起来了。"

唐代《蛮书》有记载，南诏国设银生节度和开南节度，"开南节度有盐井百余所"。思茅在唐宋时期属银生节度和开南节度的范围，且位于南诏时从国都大理通往银生节度辖地的刊木古道上。由此推断，"勐茄盐井"应该是史书上记载的百余口盐井之一。

四、大亮潭：思茅最美的天然湿地

大亮潭位于普洱市思茅区南屏镇，距离中心城区 8 千米，从木乃河工业园前往黄龙山 2 千米的地方。

传说大亮潭原来叫干海子，山顶上是平坦草地，有一眼山泉，住着几户人家。一天一条白麂子进入村里，村里的长者疑惑："这是一种什么兆头？"晚上睡觉时，长者梦见一个白胡子老人对他说："这个地方被一条龙选中，三天后会成为一个龙潭，你们搬家吧。"结合白天的兆头，第二天全村人开始迁到山脚下安家。

第三天半夜，电闪雷鸣，突然一道闪电落入山顶，发出一声震耳欲聋的巨响。第二天一早，人们来到山顶，原来的家什么痕迹也没有了，平坦的草地变成一个有百余亩的大坑，洪水从坑底涌出，不久水渐渐变清澈，水越积越多，一个大龙潭就此形成。人们非常敬畏这里，没人敢到潭里捕鱼、游泳等。因龙潭的水非常清澈，夜晚月亮落入潭中，月光下看得到鱼儿，人们就把这个龙潭叫作大亮潭。

大亮潭生长着一种水草，形成大小不一的草甸，悬浮在水面，四季有鱼儿、野鸭等动物在那里安家。

今天，因大亮潭成了渔庄，水虽不再清澈见底，但景色依然迷人。潭边的山地种成茶园，茶在湖边种，鱼在湖中游。

潭中央建了一条长长的浮桥，每天人们都会坐在桥上垂钓，怡然自得。

大亮潭风光

五、曼歇坝

在距离普洱主城区 10 千米左右有个美丽的地方叫曼歇坝，又名曼昔坝，属思茅区南屏镇曼昔坝村委会。如今昆曼高速公路出城连续穿过四个隧道，从树林上架起一条彩带般的公路，行车好像从森林顶上飘过，穿越时空隧道、森林、茶园、村庄、鱼塘、花果、薄雾……在离城 7 千米的地方设有曼歇坝收费站出口，这段公路成为昆曼高速国内段中最美的公路之一。正在修建的泛亚铁路并行而过，曼歇坝将成为普洱未来最有开发价值的地方之一。

从曼歇坝俯瞰普洱城

从古普洱府出发的茶马古道主要有五条，其中一条为普洱到澜沧的茶马古道：从古普洱府（今宁洱）到思茅，经曼歇坝、黄龙山、整碗坝、南邦河，在糯扎渡过澜沧江，到达澜沧县、孟连县并进入缅甸，连接东南亚各国，古道全长 200 多千米，是一条出国门最快捷的古道。这条古道由于很多路段行走在澜沧江边的悬崖峭壁上，又要用渡船将人马渡过汹涌的澜沧江，在雨季江水暴涨时不能通过，因此又称为"旱季茶马古道"。

从曼歇坝走茶马古道到思茅古城需小半天的路程。曼歇坝自古是傣族人居住的地方，一条小河从坝子中间穿过，小河两岸有近千亩良田，秀美的傣族姑娘常在河边洗衣、洗菜，穿着漂亮的围裙，舞动着飘逸的长发，人与自然和谐相处之景在这里随处可见。竹楼客栈歇息舒适实惠，傣族风味的美食自古美名远扬。加之这一段为"V"字形山路，马帮行人都在此欣赏美景、美人、美食……停下匆忙的脚步，马放南山，休息歇气，马帮经常在此地住宿过夜后第二天早上再进城，这地方也就成为一个古驿站。

曼歇坝风光

狭长的坝子里分布有数个大小不同的寨子，茶马古道旁傣族人建了曼歇大缅寺，当时的缅寺成为思茅城周边知名的寺院之一。从缅寺向南行2千米左右的半山，地势平缓，视野开阔，建有文昌宫。"曼歇文昌宫"建在古代刊木古道、茶马古道边上，成为当地读书、求官人拜祭的"圣地"。清康熙年间扩建思茅古城，修建了思茅文昌宫，曼歇文昌宫从此凋零。目前曼歇坝水库边的茶厂三队就是建在文昌宫的旧址上，如今古柏树、古榕树、古遗迹犹在。

这个坝子为什么叫作"曼歇坝"？

曼歇坝风光

　　"曼"字在傣语中是村寨的意思。这个小坝子里的村寨是马帮行人歇息、过夜的好地方，就把它称作"曼歇坝"。

　　中华人民共和国成立后成立行政村，因"歇"与"昔"同音，同时"昔"字方便书写，使用较广，就取名"曼昔坝村"。1956年1月思茅劳改农场进驻曼歇坝，用缅寺作场部，在此开荒种茶及种植其他农作物，成立了曼昔坝农场。后来"破四旧"时缅寺旧址都被拆了改建成茶厂。到了20世纪六七十年代，曼昔坝农场成为上海松江区下放知识青年的地方，先后有1200人余名上海知青在这里开荒种茶，把青春奉献在这里，把汗水倾注给这片美丽的茶山。

曼歇坝水库

六、黄龙山

普洱的黄龙山位于思茅城之南，介于曼歇坝水库和大亮潭之间，距离茶城直线约8千米，这里原来叫糯倒山，是傣族地名。

黄龙山茶园

黄龙山茶园

黄龙山茶园

2014年10月底，有人在糯倒山最高顶上看到一条巨大的黄金蟒蛇，这个是国家一级保护动物，曲成一圈在山顶上享受冬眠前最后的阳光浴。

因传说黄金蟒为龙的化身，见到黄金蟒能给人带来吉祥好运；同时因山形很像一条巨龙，五只山梁犹如五个龙爪，故更名为黄龙山。

曼歇坝茶厂的李大叔讲："20多年前厂里有个茶工爱打猎，也算当地有名的猎人，在黄龙山下的水库边遇到一条蟒蛇，就用火药枪朝蟒蛇开了一枪，看见蟒蛇游入水中，他就惊慌失措地回了家，不到十日，原本身体强壮的猎人突然病故，从此以后就没人再伤害巨蟒，并把巨蟒当神物。"

每年入冬以后，"普洱蓝"成为外地人津津乐道的热词，蓝天、白云、云海、暖阳等构成的"普洱蓝"，让人舒适自在，也成普洱市的一名明片。

黄龙山观景台海拔1550米，这里是普洱市区周边最佳的观景点。山下云海茫茫，变动的云海使众多绿色山包在云雾中时大时小，远处的"茶城"思茅清晰可见，形成森林、茶园、水库、公路、铁路、村庄、城市等多层次的风景。

黄龙山上的新华国茶庄园具有浓郁的民族风情，保留有普洱世居民族的特色民居，保留有古法榨蔗、传统酿酒等。这里种植了几十棵大茶树，种植了几百亩老班章、冰岛、昔归、凤凰窝等茶树良种。

黄龙山祭茶祖

黄龙山每年都有成群的野象到此神游，享受着这里的风景和美食；这里成了各种鸟类的天堂；茶园里的冬樱花在元旦节前后竞相开放，成为思茅最美的樱花谷；雨季森林里的各种野蘑菇成为人们的最爱；冬季满山遍野的麻栗树、橄榄树等结满果实，很多城里人喜欢驾车到山上，既爬了山又拾了果子，不亦乐乎！

黄龙山国茶庄园

七、稗子仓的故事

早上邵鸿雁约李琨和我去那柯里采访，上车后她说普洱市思茅区有个古寨子叫稗（读bài）子仓，区政府正在稗子仓进行乡村旅游建设开发。这名字听起来有点怪怪的，但又似曾相识。

沿思茅到宁洱的二级路前行，到了箐门口水库边，见一个"稗子仓乡村旅游示范项目"的路牌。箐门口水库的水已蓄满，水库周边森林植被很好，可蓄水量近900万立方米，是普洱城区的主要供水源。

水库大坝下几百米处有个村子，再行1千米多又遇到一个村庄，村庄民房多数为当地两楼木结构瓦房，有少数建起了洋楼。见路边有两个老汉，停车问稗子仓的路怎么走，答："前面有路牌。"闲聊中，一老汉说："原来几个小组都居住在这条小河两岸，前几年建水库，大坝上面的几个小组或被淹没或因属于水源保护区，都搬迁到了城边，土地、森林、房屋都得到了补偿，都变成了城市人，不少成了百万富翁，我们住在大坝下，就没有这个福气。"

稗子仓种植的稗子

由于路标的指示不是很明确，路本是三岔路可只标了两条，车子一下就开进农家小路，只好退回，一直往山上走。驾车的邵鸿雁老师几次担心是否走错了路，行了五六千米后见到一个坝塘，占地有几亩，塘边有三条路，向下行了几百米后发现真的走错了，调头回来又从村庄方向走，映入眼帘的是一个高档星级公厕，仿佛成了这里的地标建筑。

车继续前行进了村庄，看到有新建的洋楼，也有稍旧的房子，有一块牌子写着"稗子仓乡村旅游农民合作社"。在一辆流动卖货车前停下，几个村民在购物，一问才知这还不是稗子仓小组，而是稗子仓小组整组搬迁编入这个小组，真正的稗子仓老寨要从坝塘边的土路上去。

沿坝塘土路往上走，终于见到稗子仓老寨，曾有 20 来户人家，都迁到 1 千米外的新村，破旧的老寨只见村口一个老酒房正在酿酒。下车就闻到一股浓浓的酒香味，真是"酒香不怕巷子深"，酒坊虽破旧，但规模不小，有些年头。一聊才知，酒坊的主人叫李国军，40 岁左右。我问他这地方为什么叫稗子仓，他说："听老人讲，我们这个地方离思茅不远，过去这周围的地方都种植稗子，产量虽然低，但可以用来酿酒，且酿出的酒口感特别好。稗子草是喂马的最好饲料。我的祖上以酿稗子酒而出名，思茅过去富裕人家和马帮常年来此购买，很多马帮从外地运来稗子换酒，这里还专门建了装稗子的大粮仓，人们就把这地方叫作'稗子仓'。后来稗子少了，祖上改酿玉米酒、荞酒等，改革开放后父亲和我又开始了祖业酿酒至今，稗子仓水质很好，稗子仓酒也远近闻名。"我这才想起当初在景东县大朝山东镇工作的时候，得知当地就有"稗子地"这个地名，难怪感觉似曾相识。

稗子，一年生草本植物，叶子像稻，子实像黍米，子实可以酿酒，稗子草是上好的饲料，过去人们当作一种作物来种植。稗子仓，顾名思义就是"存放稗子的米仓"。我参阅了当地的乡村旅游规划，着力点是民俗酒店、茶产业、养殖业等，若把地名来历、历史文化、古道文化、酿酒文化、引导酿酒存酒等作为发展乡村旅游的亮点，也许这样更能吸引人一些。

稗子仓

第六节　走进江城

一、回望江城茶史

江城哈尼族彝族自治县因李仙江、曼老江、勐野江三江环绕而得名。地处中、老、越三国交界,国境线长达 183 千米,中越段 67 千米,中老段 116 千米。东与红河州绿春县为邻,西与西双版纳州勐腊县、景洪市毗邻,具有独特的"一县连三国""一县连三州市"的区位优势。江城县共有 25 个民族,以哈尼族、彝族、傣族、瑶族、拉祜族等为主,辖 6 个乡(镇),12.4 万人。

江城勐烈古镇

江城勐烈古镇一角

江城地处横断山脉,无量山尾端,有着丰富的自然资源和良好的生态环境。全县总面积 3544 平方千米。距省会昆明 520 千米,距普洱市 145 千米。县城勐烈镇海拔 1119 米,最高的狮子崖海拔 2207 米,最低的土卡河仅 317 米。年平均气温 19℃,年平均降雨量 2248 毫米,属亚热带湿润气候。全县河流众多,有 3 条江 30 条河流。全县森林覆盖率为 68%,有亚洲象、野牛、穿山甲、蟒蛇、虎、熊、豹、鹿、白鹇、孔雀等 200 多种珍稀动物;生长着桫椤、大树花生等 30 多种国家重点保护植物和 100 多种药材,所以江城是"动植物王国"缩影。

地处蛮荒之地的江城在中华人民共和国成立前,经济十分落后,农业甚至处于刀耕火种的原始状况。但县府所在地勐烈街却是商铺茶庄林立、酒楼客栈鳞次栉比、商人马帮接踵摩肩,从目前呈现的古城建设规模、建筑风格可以看出,其繁华程度与内地古城不相上下。为什么在当时如此边远、落后的地方,会形成这样与当时经济、社会、文化等生产力发展水平不协调的一座边陲古城呢？

"勐烈"是傣语地名，"勐"是坝子，"烈"是河，意即"河水丰富的坝子"。清朝雍正年间，有元江籍汉族李、赵、马、张四姓率家族迁来勐烈坝子，在一座原始森林山包上落户安家，迁来这里以后仍归元江管辖，所以勐烈坝一地竟成了元江府的"飞地"。后逐渐有从石屏、建水乃至四川、广东、广西、江苏、江西等地的汉族人和从墨江、景东、普洱、峨山、新平、玉溪、元江等地的彝族、哈尼族因经商、戍边、逃荒、避难等原因不断迁入，此地逐渐发展形成了勐烈街。也就是说现在的勐烈古镇有近300年的历史。

江城县在东晋、南北朝时期，属永昌郡辖地。隋、唐、五代十国时期，属剑南道濮子部。南诏国时期，属银生节度地。宋、辽、金时期，归威楚府管辖。元、明时期，先后归元江路、钮兀御夷长官司管理。清光绪十三年（1887年）木戛土司陈定邦作乱，平定之后，清政府派普定左营的部分官兵驻守勐烈。光绪二十八年（1902年），改普定左营管带为"勐烈弹压委员"，作为地方行政官吏，军政兼辖，同时将左营改为保卫队。民国五年（1916年），改弹压委员为行政委员，由普洱道管辖。民国十八年（1929年），将宁洱（普洱）、墨江、元江三县交叉地和原象明县的部分地方划出，组建成江城县，属普洱道辖县之一。1949年中华人民共和国成立后，江城县属普洱行政督察专员公署（后改名为思茅专员公署）管辖。1954年5月成立江城哈尼族彝族自治县至今。

江城县土卡河渡口上的马帮

根据2006年全市茶树资源普查，江城县有野生型古茶树群落面积1.2万亩，主要分布在嘉禾乡、曲水乡、国庆乡。栽培型古茶树面积6735亩，分布在全县6乡（镇），20个村民委员会60个小组，其中以国庆乡保存最多，面积达5800多亩。江城茶史经历了发展、兴盛、衰落、复兴四个时期。

江城种茶历史有近千年，但规模很小，勐烈街一直有茶叶上市，但产量少，主要供本地需要，没有形成规模化交易。清朝光绪年间，有本地商人收购毛茶，加工成方砖茶，驮运80多千米至李仙江的坝溜渡口，然后水运至越南莱州（勐莱）销售。从江城出口经营茶叶利润丰厚，勐烈街商人逐渐开办茶庄、茶号经营茶叶，开设驿站、马店、马帮等，清末以前为江城茶史上的发展期。

李仙江进入越南后称为黑水河，为红河的最大支流，在海防汇入太平洋。1884年之后越南完全沦为法国殖民地，航运、铁路、公路交通开始发展，20世纪初法国人在莱州开设了通商买办，黑水河的航运发展进入机动船时代。由于茶叶销路好、利润高，刺激了生产的发展，江城茶园种植面积迅速扩大，产量不断增长。据载，民国十二年（1923年），茶叶出口已达1500多担，茶叶采摘面积已达到5000亩以上。当时，从普洱、思茅、墨江和易武等地茶叶也途经江城大量出口越南，不少普洱、石屏、建水、易武等地的商人到江城开设茶庄、茶号，有如敬昌茶号、江城号、胜利号、福泰隆茶庄、鸿顺茶号、泰来茶号、兴华祥茶庄、福泰昌茶号、同兴昌茶号、永茂昌茶庄、四合公茶庄、仁和祥茶号、群记茶庄、丰顺祥、许季瑞、太和祥等20余家。江城的茶叶产量、出口量逐年上升，成为一个茶叶加工、出口的边陲中心。李仙江的坝溜渡口成了转运茶叶等物资的商业码头，呈现了一片繁忙景象。当时江城茶叶面积近万亩，茶叶出口最高时达到2000多担。如今在香港、澳门、台湾、新加坡、马来西亚等地发现的古董"号级"普洱茶，很多是江城老字号生产的。民国初期到1941年是江城茶史上的兴盛时期。

江城县勐烈镇的石秤砣

勐烈镇上采访

20 世纪 30 年代随着英、法在印度、斯里兰卡、越南等殖民地国家大力发展茶叶生产，西方先进技术得到推广应用，中国茶叶在生产技术、交通运输等方面在国际市场上逐渐失去了竞争力。特别到 1942 年之后（太平洋战争爆发），日军占领封锁东南亚，对越南实行"经济管制"，江城茶叶对越出口完全被阻断，县内茶叶市场萧条，很多茶庄停产倒闭，茶叶生产受到严重打击。当时有资料记载"茶叶价格一落千丈，不少弃之于地，殊为可惜"。农村的大片茶园任其荒芜，甚至不少茶树被砍伐，改种粮食，到 1949 年，全县茶叶产量仅有 225 担。1942 年到 1950 年是江城茶史上的衰落期。

中华人民共和国成立后，茶叶生产逐步得到恢复和发展。到 1966 年，江城县先后恢复老茶园 2000 余亩，新植茶园 1000 余亩；到 1979 年底，新植茶园面积达 4600 亩。1980 年，实行包干到户，政府为恢复和发展茶叶生产制定系列扶持政策，特别是 1987 年以后，随着江城牛洛河茶厂、明子山茶厂、勐康茶厂的相继建成，以及各乡（镇）大大小小的个体私营茶场的创建，各乡（镇）农户自发的种植，江城茶叶生产发展达到了一个快速发展时期，到 2012 年底，全县茶园面积达 13.6 万亩，产量 1.2 万吨，产值 4 亿元。中华人民共和国成立以后 60 多年为江城茶史上的复兴期。

江城县田房古茶山

　　田房古茶山与古"六大茶山"之一的易武茶山同处一脉，种茶历史久远，茶性、茶质和易武茶十分相近。国庆乡田房村距离县城勐烈镇7～8千米，彝族人在种茶的时候，也在茶地里种上些柏树和椿树，村子的房前屋后都是几百年树龄的老茶树。在20世纪30年代，田房村就有范玉祥章号、李金发上号等，专为敬昌号等茶庄、茶号提供茶原料，相当于今天的茶叶初制所。"帕卡茶"的制作工艺是田房村彝族人的一项发明，出生于1935年的白学英老大娘，因祖上为茶庄做"帕卡茶"（彝族语"老叶子茶"的意思），使这项技术得以传承。具体做法是：采摘古茶树上的老叶子，用铁锅杀青后，在太阳下晒干，放入蒸子中蒸软，把茶叶分层放入特制的竹筒内，用木槌锤坚，打开竹筒取出茶叶，形成柱状的茶叶再用笋叶、藤条捆扎起来，一筒"帕卡茶"就算制成了。

　　普洱茶因普洱府得名，普洱府因普洱茶而名扬天下，随着时间的推移，逐步形成了以普洱地区为中心的大规模的茶叶加工和贸易，普洱成为茶马古道源头，形成以普洱为起点地向外辐射的五条茶马古道，即东北路——前路官马大道、西北路——滇藏茶马大道、东南路——普洱江城茶马大道、西南路——普洱澜沧茶马大道、南路——普洱易武茶马大道。

土卡河上的老船夫汪成清

　　宁洱江城茶马大道从宁洱（古普洱）到思茅——倚象坝——石膏箐——曼克老——整董——圆盘山——阿树寨——勐烈街——坝溜渡口——土卡河——越南莱州（勐莱）——海防港口，全程需要一个月左右的时间，再经海防转运香港、澳门、南洋各地，在当时是普洱茶销往国外最快捷的一条"水上国际茶叶之路"。

　　李仙江发源于无量山，上游的把边江与阿墨江汇合而成，蜿蜒流经400多千米到达江城县境内后取

土卡河上马帮与猪槽船

名李仙江。李仙江在江城境内流经 103 千米，到达罗那河交界处后流入越南称为黑水河，在越南境内与藤条河汇合后注入红河，红河 55% 的水量来自黑水河，全长 974 千米，中国境内河道长 488 千米，越南境内河道长 486 千米。

过去，行驶在李仙江中的独木船，是傣家人自制独有的木制猪槽船——从江边山上采来红椿、黄央木、红木嘎、楠木等优质木材为原料，把一根长 10 余米，直径 1 米多的巨木整块掏空成槽，两面加固，船头高高翘起，呈三角形，后尾有一个小平台，由于船的外形极像喂猪用的猪槽因而得名猪槽船。这种小船穿梭于江面，速度快，方便灵活，小巧耐用。一般两人便可操作，一人撑舵，一人负责应急。坝溜村是李仙江边的一个村子，有 50 来户人家，世代以捕鱼为生，直到 19 世纪末才变为以航运为主，从渔村渡口成为出口通商码头。

如今坝溜渡口因建设电站被淹没，但相距 20 余千米的土卡河渡口还能看到当年的繁荣盛景。据出生于 1931 年的土卡河村傣族老人汪成清回忆，他家是中华人民共和国成立后从坝溜村迁移到此，他曾随父亲用木船运茶叶、盐巴等沿李仙江而下到勐莱（越南莱州）。一般是雨水收后 9 月份开始航运，到第二年 5 月航运结束。每条船装运货物 1200 市斤（600 千克）左右，茶叶则装满为止，往返约一个月，运费 120 块花钱（旧时货币），在当时是一笔不菲的收入。为了使小船更平稳，通常会在船的两侧绑上几棵大龙竹。因在越南境内有几段险滩河道，要全部卸下货物才能通过，逆流而上时需众人用绳索牵拉。兴盛时期，往来于坝溜码头的小船多达 100 多条，有部分坝溜和土卡河人一家就有几条船，要雇其他地方的人来做船工。每次到越南至少要有 3 条船才能出发，多时达八九条。商家在出发前先付一半运费，等回到坝溜再付另一半，若在运输途中翻船，商家不再付给另一半运费，船主也不需赔偿损失。在多年的货物运输中，曾有过翻船的，也死过人。当时从越南运回的货物主要有洋柴（火柴）、煤

作者在中越边界

油、药材、象牙等。

在距离江城 60 多千米的整董镇，是茶马古道上的一个重要驿站。有一个地方曾经是傣族土司出行、视察、赕佛等活动的必经之路，因土司经常骑着大象往返于此地，故而得名"老象坡"。老象坡是普洱通往江城，普洱通往易武，易武通往江城和普洱的交汇点，俗称三岔路口。据当地老人回忆，以前茶叶贸易兴旺时，南来北往的马帮、牛帮络绎不绝，有时一天会有几百匹马经过老象坡，当地很多傣族人便在此卖些土特产和小吃。

银生古城、宁洱古城、勐烈古城是普洱市马背上驮出来的三座古城。勐烈古城在三座古城属于最年轻的，但也是目前相对而言保存较完整的，古城中段还能看到古城当年的风貌。2013 年 4 月，我到勐烈古城拍摄《走进茶树王国》纪录片时，在一栋已经被拆除，当年是开马店的乱石堆中发现一个拴马桩，重量 50 千克，刻有"公称一担"字样，这在更早时期是作秤砣使用的。勐烈古城的很多老住户家里还保存有当年压茶饼的石模等珍贵文物，上年纪的老人依稀记得哪栋房子是哪个茶庄的。可惜这些非常珍贵的老房子，没有得到有效保护，不断被拆除后建盖小洋楼，放眼全国类似的老房子比比皆是，但凝聚着如此深厚普洱茶历史文化的确实是不多。

土卡河上的猪槽船

二、沉寂的勐烈古城

勐烈古城，坐落于普洱市江城县勐烈镇的老街上。老街，是一条 5 米多宽，长不足 1 千米的古街，街道两边鳞次栉比地屹立着历经几百年风雨的老式阁楼。

勐烈古镇

马帮的蹄声曾踏破这里的黎明，马锅头的号子曾响亮这里的山野，叫醒江城沉睡的眼眸。20 几个号级茶庄，曾让它闻名遐迩，热闹繁荣。从鸦片战争之后到中华人民共和国成立前，成为普洱号级茶的主要加工、集散、出口的主要地区之一，尤其以砖茶最为出名。

而今，旧貌换新颜，古街上间隔几米会有一两幢新式洋楼得意洋洋地挺着胸脯，俯瞰着周边破败不堪的老宅。狭窄的街道上偶尔堆砌着一些砖瓦

考察勐烈古镇

水泥或者拆下的老旧废材，一些老宅也将改头换面了。老宅的屋檐上野草疯长，老宅的院子布满苔藓，老宅的人已经历几代变迁。但谁都不能否认它曾经的辉煌。

云南，祖国的西南边陲，因为茶马互市，抒写了茶马古道的辉煌史诗和一座座边陲小城的兴盛繁荣。川藏、滇藏、青藏等陆路茶马古道为人熟知，而"水上国际茶叶之路"是包忠华对江城的挖掘、考证、走访，于 2013 年提出的概念。

勐烈古城，这个"水上国际茶叶之路"上因茶叶而兴起的城池，也是普洱府因茶马古道而兴起的古城之一，依旧被掩埋在历史的长河里。它成为"水上国际茶叶之路"的重要驿站，是跟所处的地理位置和历史时局密不可分的。

江城，勐野江、李仙江、曼老江三条江水滋润的土地，是联结陆路茶马古道

与海上丝绸之路的纽带。它东南与越南接壤，南与老挝交界，西北与思茅区、宁洱县相连，北与墨江县隔江相望，东靠红河州绿春县，西邻西双版纳州勐腊县、景洪市，为云南唯一与两个国家接壤的县。最为重要的是，清光绪十年（1884年）越南完全沦为法国殖民地，越南的航运、铁路、公路交通开始发展，从江城经水路与越南互通有无的商品交易渐渐频繁起来，大量茶叶由此出口，逐渐有商人来勐烈街开办茶庄、茶号经营茶叶，开设驿站、马店等。因出口越南茶叶利润丰厚，昆明、普洱、思茅、墨江、易武和石屏等地的茶叶也欲途经江城大量出口越南，不少普洱、易武的茶庄、茶号也纷纷到江城开设分号，于是江城老街上汇聚了如敬昌茶号、江城号、胜利号等20余家号级茶庄。商铺茶庄林立，酒楼客栈鳞次栉比，商人马帮摩肩接踵，一座边疆贸易古城逐渐形成。从目前呈现的古城建设规模、建筑风格也可以看出，当时它的繁华程度并不亚于内地古城。

田房古茶

土卡河上的猪槽船

住在这里的老人大多不在了，上了些年纪又比较熟悉这里茶叶历史的就是住在街尾的朱天祥老人了。朱天祥出生于1940年，江城人，祖辈是从景东迁过来的。他说自己是朱元璋的后代，明朝灭亡后先人逃到云南。自己的老宅，是200多年前盖的，中间隔开了，他和自家兄弟一人一半。这里的房子都是这样的，曾祖、祖父、父亲、儿子四代同堂，共用一所阁楼，也许是一栋完整的院落分为几家人居住，是保护古街最难的原因。他们在这条老街生活了几十代。这里曾经的繁华，老人记忆犹新。老人回忆说，中华人民共和国成立前这里聚集着很多号级茶庄，马帮络绎不绝，特别是"敬昌号"让他印象最为深刻。这个"敬昌号"距离自己院落很近，它是江城最大的茶叶商号，创始人是来自墨江的李发相。他们两家离得近，自己跟李发相的儿子李进发又是同学，所以他对"敬昌号"比较了解。"敬昌号"店上小伙计的名字他还记得呢，万邦定、马园顺、师永华等。他们不仅卖茶叶还卖一些生活物资。朱老先生经常见到绿春县的马帮穿梭在这条老街上。老人说，李发相当时在江城非常有名，娶了两个媳妇，其妾去世的时候，全勐烈街的人都来为其戴孝，因为李家财大势大。但1951年搞"革命斗争"，李发相去世了，"敬昌号"也就渐渐没落了。不仅是"敬昌号"，其他茶庄也都渐渐败落了。

"中华人民共和国成立前，这条老街铺的是青石板路，'文革'时期'除四旧'，那些象征旧事物的东西都被撬掉了，之前很多人家门头上都有大象、金牛、莲花等雕刻，那是大户人家的象征。门檐的瓦块都是雕刻着饵块粑粑状或含苞待放的茶花状花纹的，他们借此祈求丰衣足食、富裕吉祥。"而现在除了那些祈愿的民族花纹，大象、金牛、莲花都不见了。门前的青石板路也在20世纪80年代变成了水泥路。

顺着走下去，一座庞大的宅院吸引了我们，它的门廊上还有木雕的莲花、大象。走过前院窄窄的只容得下一个人的小道，我们踏上石阶走进后院。视野豁然开朗，一对中年夫妇和一个20几岁模样的小伙子，好像刚吃过饭。女人正在洗碗，丈夫在劈柴烧水，小伙子正在墙角喂狗。那只黄狗很凶，见我们进来狂吠不止，小伙子踩着它的链子，让它不至于伤人，他抬头很诧异地看着我们。院子正中间是十几级的石头台阶，走上去就是他们的正房和阁楼。院子左边是他们的厨房和水池，

勐烈古镇压茶石模具

右边是柴房和鸡舍。苔藓爬满了院子的石头，墙壁上的黄土一片片剥落，有些地方露出了红色的砖头或者青色的石头。

知道我们的来意后，男主人有些局促地挪过来。通过与他交谈，我们了解到，男主人名叫吴应，这个老宅是他曾祖父清末时建的，有100多年的历史了。曾祖父是江城地方民团的团长，以前做茶生意，还

开客栈马帮，自己父辈还做过客栈生意。易武、景洪、墨江等很多人在这里贩卖茶叶，很多马帮要通过这里把茶叶输送到坝溜渡口去。他小的时候古镇还是非常热闹的，老街上人来人往，过往住宿的马帮很多，他年纪小主要负责把客人的马牵到后院，也就是现在这个院子饮水。古镇上的房子都是分前后院，前院是马帮和商人居住的客栈，后院是自己家人住的地方。但到自己这辈茶市落寞，中华人民共和国后基本就不做茶叶生意了。特别穷困的时候，把自家压茶的石磨两块五人民币卖给人家做柱脚石了。他从国企下岗后，就收拾前院做些早点生意。现在古镇上基本都是老人。像他家，就是自己跟妻儿，以及自己的妹妹、哥哥、老母亲还留守在这里。孩子以后肯定是不愿意住在这里的，很多人家都拆了重盖新房，而现在他们家还没有这个实力。

如今的勐烈老街不是卖早点，就是开个小客栈，这就是老街人的生活现状。现在茶叶复兴了，但城中心却迁移出了这条街，县城通往国庆乡的公路两边就成了现在的茶叶交易市场。新建起的两排钢筋水泥楼房，一层商铺堆积着成堆成堆的茶叶，四面八方的人来这里买卖茶叶，货车络绎不绝。古城是老了，大多江城人对这段历史也模糊了。

李仙江上的木筏

江城晨曦

整董傣族民居

三、整董：一个因马帮兴起的古镇

整董镇位于江城县南部，距离县城 59 千米，东南与老挝接壤，南与西双版纳勐腊县毗邻，西与景洪市隔江相望，西北与普洱市思茅区相接。"整董"是傣语译音，意为"看得见的大地方"，下辖整董、曼滩、滑石板 3 个村委会。整董位于一个三岔路口上，一边通往江城，一边去往易武；是历史上西双版纳的 12 个版纳之一；是一个保持干栏式古建筑的傣族聚集区；是云南著名的古村落之一；是一个因马帮兴起的傣族坝子。

我们从普洱驱车 80 多千米来到了整董村曼景湾小组的一个丁字路口停下，看到几块新旧不一的路牌指示，右边去往勐腊县易武，左边通往江城，两边路程都差不多，大概 60 千米。走进寨子看到几栋保存完好的傣族干栏式木质阁楼，房顶的木板上刻有"1987 年整修"的字样。原来这里独具特色的民宅多用茅草盖，1987 年修缮时使用"小挂瓦"盖屋顶，房屋样式不变。我们走进其中一家，用篱笆围墙，阁楼的第一层没有门，一片堆着许多瓜果、玉米，一片是鸡舍、猪舍，一片放着一些农具、杂物和停放着一辆摩托车。房子正中有一把木梯通往二楼。二楼入口的门是关着的，我们以为没人，就绕了出去，却看见一个老人坐在二楼平台上休息，老人给我们开门和他聊聊。

老人出生于 1931 年，傣族人。他回忆说："20 世纪三四十年代的时候，家门前每天有近百个马队经过。我们这里过去很少种茶，都是以种玉米和稻谷为主，卖点水果、粮食给马帮。马帮在中华人民共和国成立以后都还有的，只是少了些，驮运的物资也不仅是茶，还有一些百货。近些年基本没有了，因为道路都改了，交通工具也发达了。我们现在住的地方以前是马帮经过的地方，但是现在只是村子的一条巷子。"突然，我们发现他们家门檐上有一个八角形的竹子编织物，很像从下往上看阁楼内八片屋顶的模样。老人说："这是我们当地的风俗，家家都会编，挂在门头，有驱邪庇佑的作用。"

不一会儿一个中年女子端了两杯茶过来让我们喝。她自我介绍说："我是老人的儿媳，名叫伊开，是 1982 年从西双版纳勐腊乡猪屎河嫁过来这个村的。"我们并聊起她家的经济收入，她说："我家有 6 亩水田租给了别人种香蕉，后山上种植了 5 亩茶叶，10 多亩橡胶，每年收入还是有四五万元。可是这几年一群 10 多头野生亚洲象群经常在这一带出没，晚上不敢上山割橡胶。"

看到她家的房子有些倾斜了，我们问她是否计划建新房子，她说"本来去年就计划盖新房，但政府把我们寨子列入古村落保护。这些老房子已经几百年了，它记录着我们傣族的历史，不让动，要保留现状，又没有其他地方可建设。"这种保护与发展的两难选择，也在考验着人们的智慧。

整董镇曼滩村曼滩小组 2013 年入选由中央电视台农业频道《乡村大世界》栏目主办，央视网、人民网协办的"中国魅力新农村"。曼滩是一个有着古老传说和绮丽风情的古老村落，是一个以傣族为主、多个少数民族聚居的和谐村落，村寨经历百年沧桑依然散发着古朴神奇的独特风韵。每座傣楼四周都围着精心编织的竹篱，篱内种满杧果、波罗蜜、三角梅、紫薇等果树花木，把古朴的傣楼掩映在红花绿树下。傣楼的屋檐下燕子在筑巢，蝴蝶在翩飞，寨子用青石板路联通，保留着村寨、田园、河流、森林相互映衬的傣族传统聚居格局，显得美观别致，幽静清洁。其民居、服饰、饮食、节日都有着浓郁的民族特色。每年的泼水节，全镇的各族群众都会在寨中心的

整董傣族民居

大青树下敲响象脚鼓，跳起孔雀舞，泼着祝福水，弦乐笙歌，载歌载舞。到了晚上，年轻人们在大青树下点起篝火，围着篝火游戏玩耍、互诉衷情。

整董坝至今还比较完整地保留着几十个傣族寨子，每个寨子几十户到上百户人家，选择依山傍水之地而建，傣族特色的干栏式建筑，户户相连，家家相对。贺井、曼宰、丰收等佛塔既是傣族宗教活动场所，也是这里的特色景点。其中贺井寨子的后山建有贺井佛塔，建于 1850 年，造型优美，风格独特，据说在中国尚未发现与此塔类型相同的，20 世纪 80 年代被列为县级保护文物。整董坝四周种满了橡胶树、咖啡、茶叶，原来的水田成了千亩香蕉园。到傣族家做客，姑娘们穿着多彩的筒裙，敬上一杯杯甜蜜的水酒，唱着委婉动听的敬酒歌，实在是不醉难归。山坡上一群群黄牛悠然自得地食草，这种被称为"狗牛"的江城地方特色小黄牛，目前已成为市场上的"香饽饽"。偶然一天，会遇见一群野象在河里戏水，让人不敢靠近，但野象的"监护者"一直在秘密地跟踪着。

整董坝历史上是宁洱江城茶马大道上的重要驿站，曾经古道悠悠、马帮往来，多少汗水撒落在地上，多少故事流传至今，现在这个寨子日渐变成了一个古镇。

整董傣族民居

第五章　遗忘在西双版纳的刊木古道

第一节　西双版纳州简介

西双版纳景洪一景

西双版纳傣族自治州，是云南省的 8 个自治州之一，首府在景洪市。西双版纳位于北纬 21°10′~22°40′，东经 99°55′~101°50′，处于北回归线以南的热带北部边沿。面积 19124.5 平方千米，东北、西北与普洱市接壤，东南与老挝相连，西南与缅甸接壤，国境线长 966.3 千米。州内最高点是勐海县勐宋乡的滑竹梁子，海拔 2429 米；最低点是澜沧江与南腊河的会合处，海拔 477 米。

西双版纳地处热带北部边缘，属热带季风气候。西双版纳辖 1 个县级市、2 个县。2017 年，西双版纳常住总人口 118.0 万人，其中少数民族人口 77.87 万人，傣族是主体民族，世居着 13 种民族。2017 年，西双版纳生产总值 393.8437 亿元，城镇常住居民人均可支配收入 27201 元，农村常住居民人均可支配收入 12043 元。

西双版纳有中国唯一的热带雨林自然保护区，是国家级生态示范区、国家级

景洪澜沧江大桥

景洪澜沧江大桥

景洪澜沧江大桥

风景名胜区、联合国生物多样性保护圈成员，植物种类占全国的 1/6，动物种类占全国的 1/4，森林覆盖率 80.8%，是中国第二大天然橡胶生产基地，大叶种茶的原生地、普洱茶的故乡，建有 1 个 5A 级景区，9 个 4A 级景区。西双版纳以神奇的热带雨林自然景观和少数民族风情而闻名于世，是中国的热点旅游城市之一。

"西双版纳"系傣语，"西双"即十二，"版纳"意为一个提供封建赋税的行政单位（直译为"十二千块稻田"），实际上是指十二个行政区域。

西双版纳古称勐泐，勐泐先民是古代越人的一支。三国两晋时期及以前属永昌郡管辖。南北朝时期，西双版纳一带的 12 个傣族部落"泐西双邦"，号称勐泐国，都于景德，奉天朝为"天王"，受到封赏。8—10 世纪，勐泐政权属唐代地方政权"南诏"银生节度管辖。

南宋绍兴三十年（1160 年），傣族首领帕雅真统一勐泐，在景洪建立"景龙金殿国"，属南宋地方政权"大理"管辖。帕雅真奉天朝为"共主"，接受封建王朝的封号，其后，帕雅真之四子桑凯冷继父位时，受天朝封赐为"九龙江（澜沧江）王"。

元灭宋后，在云南设立行省，将云南划分为 37 路、5 府，勐泐一带称为"车里路"。此后勐泐一带地区开始实行土司制度，元贞二年（1296年），在车里设"车里路军民总管府"，管辖勐泐一带。泰定四年（1327年），改设"车里军民宣慰使司"，封召坎勐为宣慰使。

明穆宗隆庆四年（1570年），宣慰使召应勐为了分配贡赋，把所管辖地区划分为12个"贺圈"，即"西双版纳"（12个版纳之意），这是西双版纳名称的来由。

清光绪三十四年（1908年），西双版纳爆发了勐遮、六顺、顶真三土司与勐海、勐混土司及景洪宣慰使司之间的战争，云南当局派兵进入西双版纳弹压。

民国元年（1912年），在土司制度的基础上设立"普思沿边行政总局"，把西双版纳分为八个行政区，柯树勋任总局长，先后属滇南道和普洱道。

景洪告庄远景

景洪城一角

民国十六年（1927年），始设车里、佛海、五福（南峤）、象明、普文、芦山（六顺）、镇越等七县和临江行政区，属普洱道。

民国三十七年（1948年），属第七区行政督察专员公署（驻普洱）。

1950年2月17日，西双版纳全境解放，车里、佛海、南峤、镇越四县相继建立县人民政府，隶属普洱专区。

1953年1月23日，西双版纳傣族自治区正式成立，自治区首府设在景洪，自治区由云南省人民政府委托普洱专员公署（1955年后改称思茅专员公署）领导。5月6日，自治区人民政府第二次（扩大）会议根据中央及省批复文件，撤销车里、佛海、南峤、镇越四县建制，按照传统习惯，将辖区重新划分为 12 个版纳和四个区及一个生产文化站，即设立景洪、勐养、勐龙、勐旺、勐海、勐混、勐阿、勐遮、西定、勐腊、勐棒、易武 12 个版纳政府和格朗和哈尼族自治区（归版纳勐海领导）、易武瑶族自治区（归版纳易武领导）、布朗山区（归版纳勐混领导）、基诺洛克生产文化站（归版纳勐养领导）。

1955 年 6 月，西双版纳傣族自治区改为西双版纳傣族自治州。

1957 年 7 月 12 日，国务院批准将十二版纳合并为县级版纳景洪、版纳勐海、版纳勐遮、版纳易武、版纳勐腊。

1959 年 7 月 30 日，撤版纳建制，将 5 个县级版纳合改为景洪县、勐海县、勐腊县，归思茅地区管辖。

1973 年 8 月，经国务院批准，西双版纳傣族自治州由中共云南省委、云南省革命委员会直接领导，从此，西双版纳州与思茅地区分设，开始行使自治州职权。

1993 年 12 月 22 日，经国务院批准，撤销景洪县，设置景洪市；1994 年 2 月 12 日，景洪市人民政府正式成立。

景洪告庄

第二节　大渡岗的茶史文化

大渡岗茶园

大渡岗乡属西双版纳州景洪市，位于景洪市北部，距市政府驻地 65 千米，东接勐旺乡、南连勐养镇、西邻景讷乡、北与普文镇接壤，国道"213""昆曼"高速公路和中老铁路从境内横穿而过。全乡国土总面积 787.7 平方千米，最高海拔 1797.3 米，最低海拔 668 米；辖大干坝、大荒坝、大荒田、关坪 4 个行政村，有 59 个村民小组，4578 户、1.42 万人；有傣、汉、彝、布朗、基诺、哈尼等 6 个民族，少数民族人口占 69%；辖区拥有国家级自然保护区 48 万亩，森林覆盖率达 93.31%；年平均气温 17.5℃，年降雨量 1600～1900 毫米，属于典型的亚热带季风性湿润气候。大渡岗乡 2013 年被评为"中国美丽田园·十大最美茶园景观"，获得"2016 森林中国·森林文化小镇入围奖"，2019 年大渡岗以 6.5 万亩的连片茶园，被世界纪录认证机构——英国世界纪录认证公司认定为"世界最大连片茶园"。

中国西南地区由于特殊的地理条件，以马帮为主要的交通工具，以茶叶为主要载体，形成了纵横交错的茶马古道。茶马古道源于古代西南边疆的茶马互市，兴于唐宋，盛于明清，二战中后期最为兴盛。

茶马古道主要分滇藏线、川藏线（也称陕康藏）、进京官马大道等。从古普洱府出发的茶马古道连接滇藏等地，延伸到不丹、尼泊尔等南亚、西亚的国家和地区。从普洱等地出发到北京为终点的茶马古道，成为明清及民国时期中央政府统治云南疆土的交通枢纽，因此才在普洱、版纳等茶区有了皇家茶园和贡茶。

广义概念上茶马古道包含着刊木古道，但侠义概念上刊木古道是一条具有特殊意义而曾经独立存在的古道。

在唐代独立存在的南诏国修建刊木通道，以大理太和村为起点经永建—巍山—南涧县庙山—乐秋街—碧溪—公郎—沙乐—景东县安召后，连接普洱市、版纳州等古代银生节度的一条南诏国、大理国的国道。当时的刊木古道主要作用是运输粮草、兵马、食盐等物资。刊木古道兴盛于唐宋时的独立王国南诏国、大理国。元朝灭了大理国，收复大理国疆土后云南的经济、文化中心转移到了昆明，从此刊木古道走向了衰落，从"国道"变成普通民间商道，逐渐退出历史舞台，它的名字也淹没在历史的记忆中。但它毕竟存在了400余年的时间，我们只能穿越千年历史，去挖掘发现与之相关的历史细节，还原历史的原貌。从刊木古道到茶马盐道再到茶马古道的演变过程，其实就是一个政治中心的转移、社会经济发展的结果。

大渡岗茶园

在2021年春节后的第一个周末，在牧童蝉茶园公司杨恩富董事长的盛情邀约下前往大渡岗，我原来对大渡岗认知定位仅仅是令人震撼的现代茶园，与厚重的历史文化联系不上，但此行让我原来的认知有了极大改变。大渡岗乡文化站孙成昆站长和牧童蝉茶园公司总经理白廷文对大渡岗乡界内的茶马古道走向、一些不一样的地名做了大量调研，沿途走访，采访了一些上年纪的老人，为我完成此文提供了大量素材。

刊木古道最早从大理出发，经景谷—宁洱（普洱）—思茅—普文—大渡岗，到达景洪、勐海等地，沿途地势起伏、森林茂密、野兽出没、河流众多。版纳在唐宋时期，属银生节度管辖。大渡岗作为古代交通之咽喉，马帮历史文化悠久，主要路线为：思茅—麻栗坪—普藤坝（今普文）—版纳塘—野麻地—关铺山（今大渡岗结基林）—官坪（今大渡岗关坪）—三岔河—马鞍山—小勐养—攸乐（今景洪市基诺乡）—车里（今景洪市）—小勐仑—易武等地。从普洱市思茅到版纳的普文有42千米，普文到大渡岗的距离41千米，古代人行走2天，马帮需3～4天的时间。

在大渡岗乡范围内的古道全长约60千米，主要线路为：关辅山（驿站）—武庙—九队—大板桥—拜佛井—牧童蝉驿站—鱼塘—茶地梁子—老厂地梁子—大旧路梁子—铁塔—水香菜林—县联社一队—大庙梁子—象鼻子山—二台坡—关坪。

在关辅山还有武庙遗址，这里海拔 1248 米，这座庙是古道上的一座地标，据说在中华人民共和国成立初期被拆毁，其石头被运去修建大干坝大队村公所。目前牧童蝉茶园附近的古井尚存，其形如砂锅，一股清泉泻出石涧，冲溢而出，位于古道边上。据说，由于水井的位置相对较低，在过去，马夫行人都要跪着俯下身之后才能饮到井水。这眼井水可解疲劳、治瘴气，有特殊功效，就形成饮水必跪，故名"拜佛井"。古道从牧童蝉茶园穿过，不远处有大板桥、大庙山等千年前的历史烙印。古道上的关辅山和关坪，在古时候既是官府的驿站又是关卡、哨关。所以这些在刊木古道上出现的名字与其他用少数民族的译音内涵不同。

牧童蝉茶园神农像

牧童蝉茶园观景台

牧童蝉茶园内现在保存着几百亩的湿地，这里古代是个官府的养马场，也是刊木古道上的古驿站，如今还保留有古井、古道等遗迹。20 世纪 50 年代，大批南下的解放军官兵屯垦戍边，大渡岗的第一批垦荒者在这里建养马场，提供马匹给部队和地方使用。相距不远的地方有个叫大板桥的地方，曾经有条小河，在 20 世纪 90 年代，当地人在水沟里挖鱼塘，挖出两块用一棵树劈开两半的桥木板，长 5 米多、宽近 1 米，浸泡在淤泥里，千年不腐，已变成阴沉木，后来被人高价买走。

如今在大渡岗乡保留的古茶树、大茶树已经不多，他们在考察中了解到，在乡内的江西村、石屏村、景东村等地方过去都有很多大茶树，但在 20 世纪七八十年代，发展连片规模化的现代茶园时被毁坏了。

　　在刊木古道兴盛时期，从大理到巍山古城，再从巍山走20余千米就是庙山，是一个古驿站、哨关和古代屯兵养马的地方，被命名为"刊木古道上的第一关"。大渡岗也有一个地方叫大庙山，因古代建有一座道教的大庙而得名，两个都应该是南诏国时建的庙，都叫庙山，使用功能上相同，二者有一定的历史关联度。在古代马帮行人走这条古道有四五百千米的路程，一个来回需要近一个月时间。沿途有疾病的困扰，有野兽的袭击，有贼人的"惦记"，有路途的疲劳，有家人的思念。到庙里去祈求神灵的保佑，是当时人们最大的心灵安慰。

　　如今的大庙山还发现一些瓦砾和庙址基脚石等遗迹。大庙山海拔1232米，地理位置特殊，位于梁子的垭口上，位置较高，周围群山环绕，有"一夫当关，万夫莫开"之险。站在高山遗址上回望千年历史，仿佛可以看到，由于社会的发展，交通工具的进步迭代，曾经的古道逐渐消失在历史的长河中，只能去想象当时南来北往的官兵商贾、马帮行人，在途经这里时利用放哨和休息的时间，去祈求保佑一路平安的那份虔诚。

茶马古道路线图

第三节　石镶古道——不该被人遗忘的历史

勐旺乡位于云南省西双版纳州景洪市东北部，距景洪市府120千米。北部与思茅区接壤，东部隔小黑江与江城县为邻，西部与该市普文镇相邻，南部以小黑江为界与勐腊县相望。全乡辖勐旺、补远、大平掌、瑶家4个村委会，42个自然村，常住人口1.4万余人；有汉族、傣族、瑶族、基诺族四种世居民族。从普

勐旺风光

洱市主城区经过倚象镇的菠萝村到勐旺乡有66千米。

2021年5月29日一早，王文贵、李琨、苏盈莲我们一行四人前往勐旺乡，进入勐旺坝。四周群山环抱，数十个连片的鱼塘、千亩稻田、茶园、村庄、牛群等一幅田园风光画映入眼帘。成群结队的钳嘴鹳在稻田里觅食，一点也不胆怯，车到了跟前也不飞走，有时聚在树上，形成一树"白花"，很是和谐美好。钳嘴鹳（鹳科动物），体型很大，体长约80厘米，体羽白色至灰色，冬羽烟灰色，原分布于印度及东南亚，在沼泽地和沿海滩涂觅食软体动物为主。2006年10月3日在中国云南大理洱源西湖发现，为中国首次发现纪录，列入《世界自然保护联盟》（IUCN）

勐旺风光

勐旺石拱桥

勐旺傣族缅寺

2013年濒危物种红色名录。近年来大量的钳嘴鹳在普洱市、版纳州等地安家，成为一道道亮丽的风景。

景洪市国有林场勐旺管护站的张永林站长在家里等候我们。我们到他家后，他介绍道："从勐旺街到'石镶古道'还有10多千米的山路，只能骑摩托车进山。"因只准备了一辆摩托车和骑手，我们决定兵分两路，由王文贵老师去"石镶古道"考察拍照，我们负责考察了解其他历史文化，中午在勐旺普天河管护站点汇合吃饭。

唐代的樊绰于公元863年著《蛮书》，其第六卷载："开南城（今景东文井开南村）在龙尾城（今下关）南十一日程，管辖柳追和城（今镇沅）、又威远城（今景谷县）、奉逸城（今宁洱县磨黑）、利润城（今勐腊易武），内有盐井一百来所。茫乃道（今西双版纳景洪市）并黑齿等类十部落，皆属焉。"这是普洱、版纳地区最早的有关历史文献记载。

据公元766年的《南诏德化碑》记载，唐时的南诏国为巩固、开发国土，于公元764开始修建刊木通（古）道。刊木古道起点为南诏国首都大理，通往银生节度、开南节度，全长500余千米，主要交通工具是马和骡子，主要运输粮食、食盐、茶叶、木材及军事运兵等。南诏国修建刊木古道从太和村（今下关）为起点，经巍山—南涧县庙山—公郎—景东县安召（分岔达景东）—保甸—

石镶古道

景福—大驮—镇沅县振太—景谷县抱母井—宁洱—那柯里，到思茅，从思茅分江城路、易武路、景洪路、澜沧路四条。

石镶古道

发源于普洱市宁洱县磨黑镇的曼老江，进入景洪市勐旺乡后叫补远江或小黑江，进入勐腊县勐仑镇后称罗梭江。罗梭江全长307千米，流域面积7187平方千米，注入澜沧江，是澜沧江中下游的最大支流。

我们在菠萝村的小坝子小组巧遇下田归来的刘正奇大哥，他过去走过这条古道，这条路当地人称为"石镶路"，意思很直白，"用石头镶成的路"。关于"石镶古道"的研究是一个历史的空白，也没有人说得清楚这条古道修建于何时。当地老人讲这条路过去马帮、行人比较多，现在没有人走了，临近村子和公路的石头多被人取走，只有深山中的石镶路还保留完整。

勐旺大过口渡口

补远老寨（当地政府供图）

石镶路又称宁洱易武茶马古道，从思茅倚象镇的大寨经拦门山（兰梅山）—鱼塘村—阿里河—菠萝村的小坝子后山卡房进入勐旺乡金家湾—半坡寨（南门口）—蜈蚣桥—科联—补远—小黑江的大过口—象明乡的慈姑塘—倚邦—曼拱—曼松—达易武镇。

古道在倚象镇的大寨分岔，一路去往江城县方向，另一路去往勐旺、易武、勐腊等地。从大寨过拦门山（因古道上有一座山门拦着而得名，后来改为兰梅山），小坝子小组后山有个叫"卡房"的地方，历史上这里是个关卡，是进入思茅前收税和检查过往行人的要塞关卡。过了卡房沿着山梁走，发现一棵普洱市与版纳州保护区界桩，这里的海拔1470米，从界桩再走10千米左右就到了勐旺坝。从金家湾进入半坡寨，半坡寨村口有个地方叫南门口，是石镶古道进入勐旺的入口。过去勐旺坝有瘴气，居住在坝子里的多为傣族人，瑶族、基诺族等民族多居住在山上，传说山里人来这里买东西都不敢下马，怕染着瘴气。古代的"勐旺古驿站"设在半坡寨，这里也形成了集市。

清雍正皇帝以后，随着普洱府的成立，清廷推行"戍边种茶"的政策，大力开发了易武、象明等地的茶叶，使这条古道成为一条非常重要的商贸通道、茶叶之路。在勐旺河上修建了一座石拱桥，人称蜈蚣桥，桥高约7米、宽约6米，为目前刊木古道、茶马古道上保存最完整的石拱古桥之一。只可惜在维修时使用了大量水泥，破坏了古桥的神韵。在蜈蚣桥的一端有一棵大榕树，古朴的傣族寨子里建有

勐旺古镇风光

白色的佛寺、佛塔，成为这里的地标建筑。勐旺城子二组依然较为完整地保存着傣族传统民居。这里有古道、古桥、佛塔、古寨、美丽的田园风光，完全具备发展乡村旅游的条件。

　　从勐旺街继续前行，来到补远村。现在的补远村是个移民新村，由1997年从30多千米外的补远老寨搬迁而来。我们到了勐旺普天河管护站点吃中午饭已经是下午2点多，吃过午饭我们走土路到补远老寨，公路基本上沿着原来的石镶古道修建，不时在公路中间还保留一小段石镶路。到了补远老寨遗址，这里曾经居住过500多户基诺族人家，从现存的老照片看，一座山头都布满茅草屋。若保留着，可以与被

勐旺古镇风光

大火焚烧前的翁丁古寨相媲美。今天难以再现古寨的影子，只剩石镶古道两旁留存的茶树和竹林。非常庆幸的是补远老寨的茶叶成为勐旺乡最知名、最昂贵的茶叶。

补远老寨的山下就是小黑江，小黑江上的"大过口"是曾经古道上的一个涉水过口，也是小黑江流动最平缓的地方，江面宽近200米，江水最深处不超过1米，是个天然过口。过了"大过口"就进入勐腊县象明乡的大黑山、倚邦，通达易武镇等地。

我们到下午4点多才与王文贵老师一组的人车汇合，王文贵老师讲："这是一生中走过最艰难的摩托车道路，古道上长满杂草、铺满落叶，石头上长着厚厚的苔藓，像在诉说着曾经的历史与辉煌。有枯死的大树横躺在古道上，仅仅是护林员每年防火季节骑摩托车去几次，显得非常荒凉。但生态环境非常好，古道保存比较完整、古朴，假如地方政府稍加维修保护，将会成为云南省境内最有价值的古道之一。"

茶马古道已成为国家级文化遗址保护，在国家乡村振兴中，挖掘地方历史文化是我们尊重历史、缅怀先人的举措。千百年来，云岭大地上的"古道文化""马帮精神"代代薪火相传。今天对"石镶古道"科学合理地保护、开发、利用，可有效助推地方文化、旅游等经济发展。

勐旺石拱桥